测井井控技术手册

（第二版）

胡启月　主编

石油工业出版社

内 容 提 要

本书在系统总结各测井公司井控技术工作的基础上，分别从基础知识、装备设施、地层压力检测、测井井控作业等方面对测井井控工作进行了阐述，同时附以测井和射孔作业井喷案例。

本书可供测井技术人员及大专院校相关专业师生参考使用。

图书在版编目（CIP）数据

测井井控技术手册 / 胡启月主编. — 2 版. — 北京：石油工业出版社，2021.8

ISBN 978-7-5183-4832-9

Ⅰ. ①测… Ⅱ. ①胡… Ⅲ. ①测井 – 井控 – 技术手册 Ⅳ. ① TE28-62

中国版本图书馆 CIP 数据核字（2021）第 172937 号

出版发行：石油工业出版社
（北京安定门外安华里 2 区 1 号　100011）
网　址：www. petropub. com
编辑部：（010）64523736　图书营销中心：（010）64523633
经　　销：全国新华书店
印　　刷：北京中石油彩色印刷有限责任公司

2021 年 8 月第 2 版　2021 年 8 月第 1 次印刷
710×1000 毫米　开本：1/16　印张：10
字数：150 千字

定价：80.00 元

《测井井控技术手册（第二版）》编委会

主　　编：胡启月

副 主 编：王忠于　陈晓明　刘　鸿　陈文辉

编写人员：（以姓氏笔画为序）

方忠运　石化国　刘友光　朱　波　李香亮
陈　雄　陈少华　邱永新　李树东　宋瑞宏
李德鸿　张显文　张振波　杨登波　胡秀妮
南喜祥　谢　飞　徐　税　黄海涛　龚光勇
焦树江　靳敏刚　熊永立　魏　东　魏　冉
樊军强

序

随着石油天然气勘探开发技术的不断进步，井控工作普遍得到了能源企业高层管理者的高度关注。特别是2003年中国石油“12·23”特大井喷事故、2010年英国石油公司“4·20”深海平台特大井喷事故以来，对井喷失控带来的安全和环境风险越来越重视，井控技术的研究与应用越来越广泛，工程技术各专业井控技术应用的成效越来越显著。

石油测井是油气勘探开发的核心技术，作为“深入地下的眼睛”，肩负着测量岩石物性参数，判断储层流体性质，发现、评价油气产层的重要使命。测井井控至关重要，测井施工作业中的井喷失控可以给油气勘探开发带来巨大损失，甚至是“灾难性事故”，测井井喷事故预防同样是测井技术研究的重要内容。随着测井技术的不断发展，应用范围越来越广、业务链越来越长，水平井测井、生产测井、随钻测井、带压测井、无电缆测井、桥塞—射孔联作技术和射孔技术均得到了快速发展，测井井控技术与测井其他技术得到了同步发展与广泛应用。

为了全面推广测井井控技术，在中国石油工程技术分公司组织下，由中国石油集团测井有限公司编写的《测井井控技术手册（第二版）》即将出版发行。该书从测井井控概述、测井防喷装置、井控设备安装维护与检测、测井井控技术要求、桥塞—射孔联作和测井井喷事故案例等方面进行了系统介绍和重点阐述。

测井井控技术是钻（试）井井控技术的拓展和延伸，胡启月总经理主编的《测井井控技术手册（第二版）》重点以测井专用防喷装置、设备及测井井控技术要求为核心内容。该书内容简洁、图文并茂、通俗易懂，突出了测井专业的井控特色,基本涵盖了当前测井专业涉及的全部先进技术。为了让广大测井技术人员更好地应用测井井控技术，该书还以附录方式列出了“测井相关井控标准和规范目录”，便于查阅。

希望《测井井控技术手册（第二版）》不仅适用于测井专业的一线操作人员，解决他们在测井施工过程中遇到的问题（现场如何操作、遇到井喷如何处理等），而且亦可作为测井技术人员和操作人员的通用井控培训教材，同时也可供石油院校测井专业的学生学习参考。

中国工程院院士 李宁

2021年7月29日

前　　言

测井是油气勘探开发的核心技术，肩负着测量地层、流体参数，发现、评价油气产层的重要使命。井控是工程技术服务的重点工作，测井井控同样起着至关重要的作用，测井井控的重点在于实时监测、及时评价、现场控制、跟踪报告。本书在系统总结各测井公司井控技术工作的基础上，分别从基础知识、装备设施、地层压力检测、测井井控作业等方面对测井专业井控工作进行了阐述，对测井员工进一步掌握井控技术、加强异常监测、做好评价预报、确保安全作业具有现实的指导意义。

本书第一版在中国石油工程技术分公司地球物理处的组织下，由中国石油集团测井有限公司、中国石油集团长城钻探工程有限公司、中国石油集团川庆钻探工程有限公司共同编写。经过多年的应用及技术的发展，中国石油集团测井有限公司适时组织重修本书，修改其中错误，增加了“桥塞—射孔联作技术”等内容。

本书内容简洁、通俗易懂、图文并茂，突出了测井专业的井控特殊性，基本涵盖了当前测井专业的全部先进的井控技术。本书主要作为测井专业井控技术培训的参考用书，也可以作为现场测井作业的参考资料，还可供石油院校测井专业学生学习使用。

由于编者水平有限，难免存在疏漏和不妥之处，敬请读者提出宝贵意见，以便进一步修改完善。

编　者

2021 年 3 月

目录

第一章　概述 1

第一节　测井和射孔施工工艺 1
第二节　井控及防喷装置 7
第三节　井下压力概念及异常压力检测 10
第四节　井喷的原因和危害 26

第二章　测井防喷装置 28

第一节　防喷装置 28
第二节　辅助设备 41

第三章　测井防喷装置安装、使用及维护检测 43

第一节　测井防喷装置安装使用 43
第二节　测井防喷装置维护 51
第三节　测井防喷装置检测 55

第四章　测井井控要求 59

第一节　常规电缆作业 59
第二节　带压电缆作业 60
第三节　钻（油）杆传输作业 72
第四节　连续油管传输作业 73

第五章　桥塞—射孔联作技术 75

第一节　插拔式井口快速连接装置 75
第二节　桥塞—射孔联作工艺 81

第六章　案例分析……107
第一节　测井井喷案例……107
第二节　射孔井喷案例……116
附录 1　案例思考题参考答案……129
附录 2　测井相关井控标准和规范目录……141
参考文献……148

第一章　概述

测井是一种用于井下地层勘探、油气动态监测和油井工程评价的技术方法，也称为矿场地球物理测井。从油气田的勘探和开发生产阶段来讲，可分为裸眼测井、生产测井、工程测井和射孔作业。裸眼测井指钻井过程中和钻到设计井深后所进行的一系列测井项目；生产测井指下套管后所进行的一系列测井项目，以解决油气田生产过程中的一些问题；工程测井指固井质量检测、管柱检测等施工；射孔作业主要指电缆射孔、管柱传输射孔、桥塞取心等施工。无论是哪种作业，都有可能发生溢流现象，甚至导致井喷事故发生。针对测井井控来说，通常按照施工工艺可分为常规电缆测井、带压电缆测井、钻（油）杆输送测井和连续油管输送测井。本章重点介绍测井和射孔施工工艺、井控及钻（修）井防喷装置、井下各种压力概念及相关关系、井喷失控原因和危害等内容。

第一节　测井和射孔施工工艺

1　测井工艺简介

1.1　常规电缆测井

常规电缆测井就是利用电缆将下井仪器输送到井下，沿井筒测量地层的岩石物理参数，或采集样品，测得的各种物理信息以电信号形式通过测井电缆传输到地面系统，地面系统按照井下仪器相应的深度进行数字记录和输出测井曲线，采集的样品将随仪器返回地面。

常规电缆测井至少必须配备但不限于下列设备：地面仪器、下井仪器、测井动力输送系统、供电系统、深度系统、井口装置、辅助设备等。图 1–1–1 为测井仪器车。

另外，为了适应大斜度井和水平井测井，牵引器（也称爬行器）是仪

图 1–1–1　测井仪器车

器输送设备的一种手段，如图 1–1–2 所示。其工作原理是：在垂直和井斜角度不大的井段，电缆和仪器凭借着自身重力的作用沿井筒自然下放，当仪器靠自身重力的作用不能自然下放时，通过测井电缆供电控制牵引器提供动力将测井仪器推送到目的井段，然后实施测井。

图 1–1–2　牵引器

1.2　带压电缆测井

带压电缆测井（含欠平衡）所用的仪器设备，除了常规电缆测井要求外，还要根据施工井井口压力等级，选择相应等级的电缆防喷装置。

1.3　钻（油）杆输送测井

钻（油）杆输送测井所用的仪器设备中除常规电缆测井的地面系统和下井仪器外，主要增加了完成钻（油）杆输送测井施工所必需的各种工具（图 1–1–3），主要由外螺纹接头总成、泵下枪总成、外螺纹接头外壳、旁通短节及各种辅助设备组成。各种工具结构、尺寸等必须与测井采集目标井的井身结构和钻具结构相匹配，否则无法完成作业。通常按照钻（油）杆输送测井作业流程和各阶段的工作特点，可将施工作业分为准备、盲下、对接、测井和收尾五个阶段。

另外，钻（油）杆输送测井还要配套井下张力短节、柔性短节、密度极板偏心器、旋转短节、钻井液滤网、通径规、仪器导向器、钻台张力深度显示器辅助仪器和工具。钻台张力深度显示器放置井台，供司钻和测井

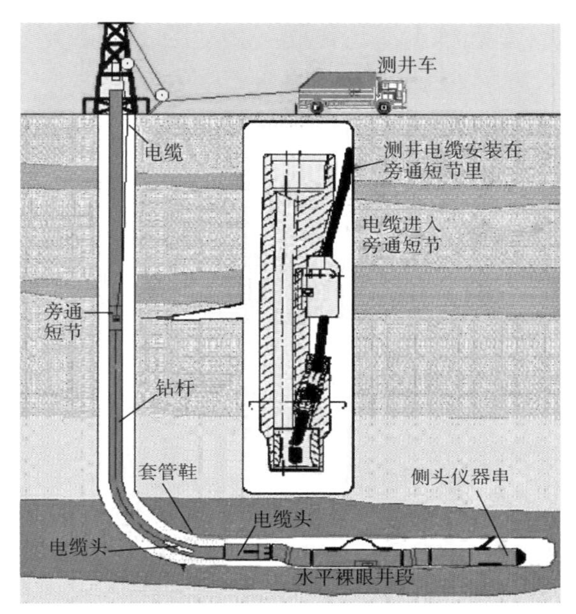

图 1-1-3　钻（油）杆输送测井现场施工示意图

井台值班人员了解井下仪器串的深度和受力情况，这对测井仪器和安全施工来说都非常重要。

1.4　连续油管输送测井

连续油管输送测井又称为挠性管测井（图 1-1-4），是一种用于大斜度井和水平井的测井施工工艺。该工艺不仅能够推送测井仪器，还可以推送射孔枪完成射孔作业。现场施工主要由测井装备、连续油管装备、吊车、防喷装置及井下仪器连接装置组成。具体组成如下。

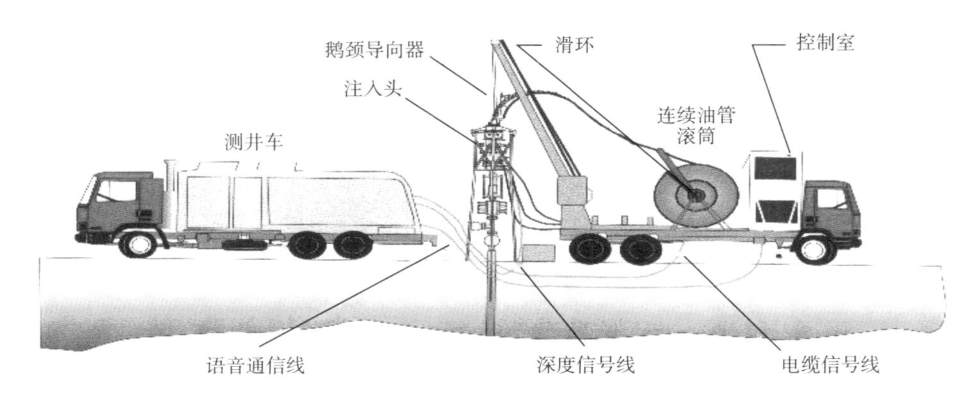

图 1-1-4　连续油管输送测井现场施工示意图

（1）连续油管车和辅助车（图 1–1–5、图 1–1–6）。

图 1–1–5　连续油管车

图 1–1–6　辅助车

（2）活动桅杆井架：提升和下发连续油管和仪器串（射孔枪串）。

（3）连续油管下管机（注入头）：一种液压装置，安装在井口，控制连续油管的提升与下发（图 1–1–7）。

图 1–1–7　连续油管下管机

（4）压力控制系统：控制连续油管正、反循环和动密封连续油管。

（5）快速拴锁器、测井仪器装配管、转换接口等辅助设备，其中转换接口与钻井井口的环形防喷器相接。

（6）连接井下测井仪器（射孔枪）与挠性管道旋转接头，由于测井仪器在井下上提、下放时会转动，为防止挠性管旋钮，而在两者间用旋转接头连接。

1.5 随钻测井

随钻测井是将不同测量方法的仪器直接嵌入专用钻铤上，在钻开地层的同时实时测量地层信息的一种测井技术。随钻测井仪旋转导向基本结构如图 1–1–8 所示。

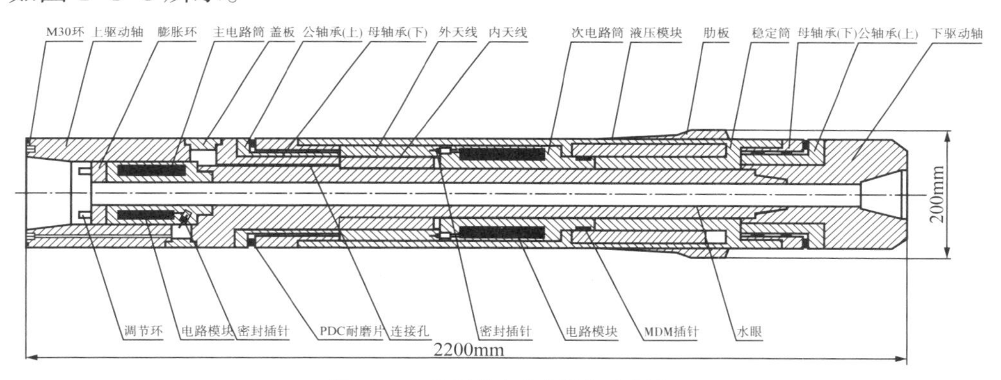

图 1–1–8　旋转导向基本结构示意图

1.6 过钻杆存储测井

过钻杆存储测井指将下井仪器预先悬挂在钻具内部送到井底，然后通过泵压将下井仪器从钻具内部释放到钻具外部（仪器上部悬挂在钻具上），再由钻具带着下井仪器上提沿井筒测量的一种测井方式。测量数据直接存储在下井仪器中，到地面后再将数据读入到计算机中进行分析和处理。该测井工艺主要在复杂井、大斜度井、水平井和带压井中应用。过钻杆存储测井仪如图 1–1–9 所示。

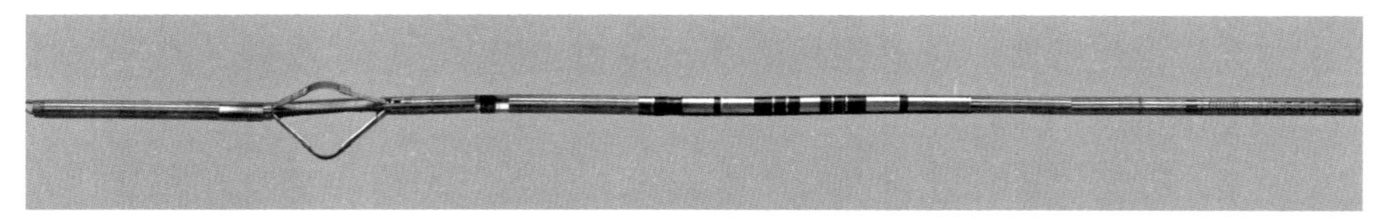

图 1–1–9　过钻杆存储测井仪

2 射孔作业工艺简介

射孔是把一种专门的设备工具（射孔器）下到井中的目的层段，通过火工爆轰、水利喷射等方法，射穿井下封闭地层的套管、水泥环并深入地层，形成沟通井筒与地层的流体通道。油气井射孔通常采用火工聚能射孔器（图 1-1-10）。针对含硫化氢井射孔时，要解决硫化氢气体对射孔枪管串及配套设施的腐蚀问题，做到安全作业。

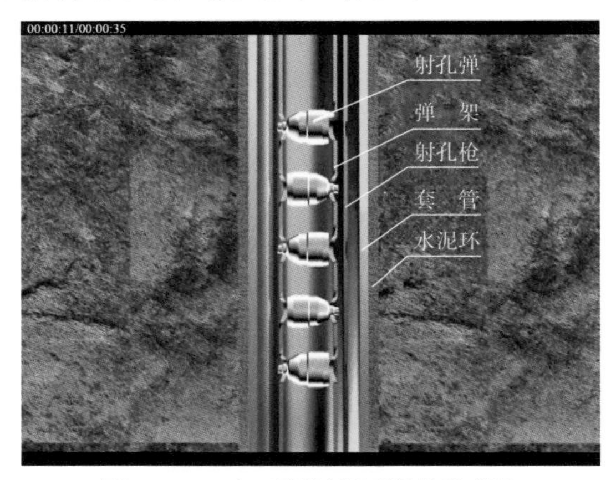

图 1-1-10 火工聚能射孔器结构示意图

2.1 电缆输送射孔

电缆输送射孔是一种最常见的射孔工艺。工艺过程是用电缆将有枪身或无枪身射孔器在套管或油管内输送至井下，用射孔深度控制技术进行目的层定位校深，操作地面仪器通过电缆向射孔器起爆装置供电，引爆射孔器，射穿套管、水泥环和目的储层，建立油气水流通通道。

电缆输送射孔配备的主要设备由以下几部分组成。

（1）地面系统：分车载和橇装两种，主要承载地面仪器、电缆、绞车、供电系统和部分辅助设备。

（2）地面仪器：主要是数控射孔取心仪或便携式数控射孔仪。

（3）下井仪器：主要包括磁性定位器（CCL）、自然伽马测井仪器及下井辅助测量工具。

（4）防喷装置：井口电缆防喷设施，主要针对高压油气井射孔作业时，防止发生井喷事故发生。

2.2 油管输送射孔

油管输送射孔（TCP）是通过油管管柱将射孔器送至目的层段，在环空中下入深度定位仪器测量定位，再调整管串对准射孔层位后，通过撞击、加压等方式引爆射孔器，对目的层段进行射孔。通常可分为两种工艺技术。

（1）水平井射孔工艺技术：采用油管传输方式可以完成水平井射孔作业，其工艺与常规油管输送射孔工艺过程相近，在直井段进行校深，水平段深度参考管柱长度，最后采用加压方式引爆射孔器。根据需要可以实现定向射孔。

（2）油管输送射孔与地层测试器联合作业工艺技术：将TCP器材与测试器组合在一根管柱上，一次下井可同时完成射孔和地层测试两种作业，能提供最真实的地层评价信息，获取动态条件下地层和流体的各种特性参数。

2.3 其他作业

（1）桥塞（投灰）作业。

（2）爆炸切割、爆炸松扣、撞击式井壁取心。

第二节 井控及防喷装置

1 井控及其目的

1.1 井控技术分类

井控技术是油气井压力控制的简称，指采用一定的方法平衡地层孔隙压力，即油气井的压力控制，包括井控工艺技术和井控装备技术。根据井控技术实施的不同阶段划分为一次井控技术、二次井控技术和三次井控技术。

1.1.1 一次井控技术

井内采用适当的钻井液密度来控制地层孔隙压力，使得没有地层流体进入井内，溢流量为零。正确实施一次井控技术的关键在钻前应做好地层压力预报，从而设计合适的钻井液密度和合理的井身结构；在钻井过程中做好随钻压力监测，并根据监测结果修正钻井液密度和井身结构。

1.1.2 二次井控技术

井内使用的钻井液密度不能平衡地层压力，地层流体侵入井内，地面出现溢流，这时要依靠地面设备和适当的井控技术来控制、处理和排除地层流体的侵入，使井内重新恢复压力平衡。二次控制技术的核心是早期发现溢流显示，及时实施关井程序，采取合适的压井方法进行压井作业。

1.1.3　三次井控技术

二次井控失败，溢流量持续增大，发生了地面或地下井喷，且失去了控制，此时重新恢复对井内压力的控制，即进行三次井控。

1.2　井控的目的

井控的目的是为了防止井喷失控。井喷的形成一般有如下几个阶段。

（1）井侵：当地层孔隙压力大于井底压力时，地层孔隙中的流体（油、气、水）将侵入井内。

（2）溢流：井口返出的钻井液量大于泵入量，或停泵后井口钻井液自动外溢。

（3）井涌：溢流进一步发展，钻井液涌出井口。

（4）井喷：地层流体（油、气、水）无控制地涌入井筒，井内流体喷出转盘面（井口）2m 以上。井喷流体自地层经井筒喷出地面称为地上井喷；井下高压层的地层流体把井内某一薄弱层压破，流体由高压层大量流入被压破的地层的现象称为地下井喷。

（5）井喷失控：井喷发生后，无法用常规方法控制井口而出现畅喷。

2　防喷装置

防喷装置指实施油气井压力控制所需的一整套设备、仪器仪表和专用工具，是防止油气井在钻井完井作业过程中发生井喷的井口控制装置。

为了满足油气井压力控制的要求，钻井防喷装置必须能在钻井过程中对地层压力、地层流体、钻井主要参数、钻井液参数等进行准确的监测和预报；当发生溢流、井喷时，能迅速控制井口、节制井眼中流体的排放，并及时泵入压井（钻井）液，使之在维持稳定的井底压力条件下重建井底与地层之间的压力平衡。即使发生井喷失控乃至着火事故，也具备有效的处理条件。因此，标准配套的防喷装置应由液压防喷器为主体的钻井井口，液压防喷器控制系统，以节流管汇、压井管汇为主的井控管汇，钻具内防喷工具和以监测预报地层压力异常为主的井控仪器仪表等组成（图 1-2-1）。

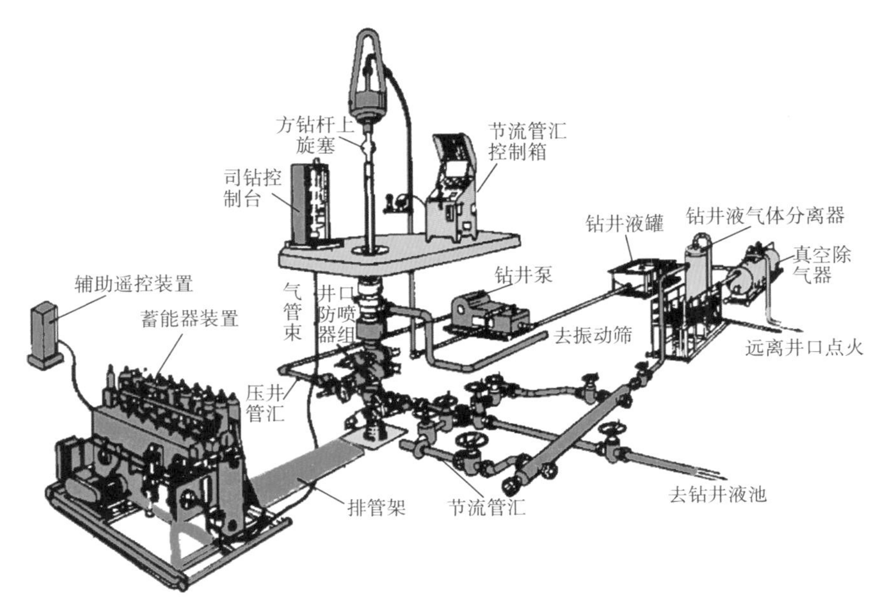

图 1-2-1　标准配套的防喷装置部分组成示意图

（1）以液压防喷器为主体的钻井井口，又称防喷器组合，主要包括液压防喷器、套管头、四通和过渡法兰等设备。

① 常用液压防喷器分为环形防喷器和闸板防喷器。

环形防喷器：现场常用的可分为球型环形防喷器、锥型环形防喷器和组合型环形防喷器。主要功能是在钻进、取心、测井等作业中发生溢流或井喷时，能封闭方钻杆、钻杆、取心工具、电缆、钢丝绳等工具与井筒所形成的环形空间；当井内无管具时能全封闭井口；在使用减压调压阀或缓冲储能器控制的情况下，能通过 18° 台肩的对焊钻杆接头强行起下钻具。

闸板防喷器：按闸板用途分为全封闸板、半封闸板、变径闸板、剪切闸板和线缆闸板；按闸板腔室分为单闸板、双闸板和三闸板。主要功能是当井内有钻具、油管和套管而发生溢流或井喷时，能封闭相应管材与井筒形成的环形空间；井内无管具时，能全封闭井口；特殊情况下可通过壳体旁侧法兰出口进行钻井液循环和节流压井作业；在特殊情况下剪切闸板可切断钻具，达到封井的目的；必要时闸板还可以悬挂钻具。

② 套管头：安装在表层套管柱上端，用来悬挂表层套管以外的各层

套管和密封套管环形空间的井口装置部件。

③四通：四通侧口接上相应的阀门和管线进行放喷和节流压井等作业，同时用于防喷器与井口的连接。

④ 过渡法兰：用于不同规格的井口与部件之间的转接。

（2）液压防喷器控制系统，主要包括司钻控制台、远程控制台和辅助控制台。远程控制台位于井口左侧前方 25m 以外的安全处，主要包括储能器组、油泵组、阀件及管汇、油箱及底座；司钻控制台位于钻台上司钻操作台后侧，主要包括阀件、压力表等；辅助控制台位于值班房内，作为应急备用。

（3）节流管汇、压井管汇是实施油气井压力控制技术必不可少的防喷装置。在钻井施工中，一旦发生溢流或井喷，可通过节流管汇、压井管汇循环出被浸污的钻井液或泵入高密度钻井液压井，以便恢复井底压力平衡，同时可利用节流管汇控制一定的井口回压来维持稳定的井底压力。压井管汇可用于反循环压井。

第三节　井下压力概念及异常压力检测

现场施工作业时，压力的有效控制是确保不发生井喷事故和保证井眼稳定的重要措施。因此，正确认识井下压力并检测地层异常压力，建立正确的压力剖面是井控技术的基础，为井筒施工作业中规避井喷、井漏、井塌事故的发生提供依据。

1　井下压力相关概念

1.1　地层压力

地层压力指地下岩石孔隙内流体的压力，也称孔隙压力。直接表示法就是用压力单位或压力梯度表示。通常用流体当量密度、压力系数表示，即某点压力与该点水柱静压力之比。例如：2000m 的压力是 23.544MPa，则压力梯度是 11.77kPa/m；或者说当量密度是 1.20g/cm^3，则压力系数是 1.20。

若设正常地层压力时地层水密度为 ρ_n、地层密度为 ρ_e：

当 $\rho_e=\rho_n$ 时，为压力正常；

当 $\rho_e>\rho_n$ 时，为异常高压；

当 $\rho_e<\rho_n$ 时，为异常低压。

1.2 静液压力

静液压力是由静止液柱自身重力所引起的压力，其大小与液体的密度、液柱的垂直高度有关，与液柱的横向尺寸及形状无关。

1.3 地层破裂压力

地层破裂压力指某一深度的地层发生破碎或裂缝时所能承受的压力。地层破裂压力一般随井深增加而增大。在钻井时，钻井液柱压力的下限要保持与地层压力相平衡，既不伤害油气层，又能提高钻速，实现压力控制。而其上限则不能超过地层破裂压力，以避免压裂地层造成井漏。地层破裂压力计算公式：

$$p_f = p_L+0.0098\rho_m H_f \tag{1-3-1}$$

式中 p_f——地层破裂压力，MPa；

p_L——漏失压力，MPa；

ρ_m——钻井液密度，g/cm^3；

H_f——垂直井深，m。

破裂压力当量密度：

$$\rho_f= \rho_m+ \frac{p_L}{0.0098H_f} \tag{1-3-2}$$

或

$$\rho_f= \rho_{m试}+ \frac{p_L}{0.0098H_f}$$

式中 ρ_f——破裂压力当量密度，g/cm^3；

$\rho_{m试}$——试验所用钻井液密度，g/cm^3。

1.4 地层坍塌压力

井眼形成后井壁周围的岩石应力集中，当井壁围岩所受的切向应力和径向应力的差达到一定数值后，将形成剪切破坏，造成井眼坍塌，此时的钻井液柱压力即为地层坍塌压力。

1.5　地层漏失压力

地层漏失压力指某一深度的地层产生钻井液漏失时的压力。

对于正常压力的高渗透性砂岩、裂缝性地层、断层破碎带和不整合面等，往往地层漏失压力比地层破裂压力小得多，而且对钻井安全作业危害很大。

1.6　激动压力和抽汲压力

激动压力 $p_{激动}$和抽汲压力 $p_{抽汲}$是两个类似的概念。激动压力是正值，抽汲压力是负值。

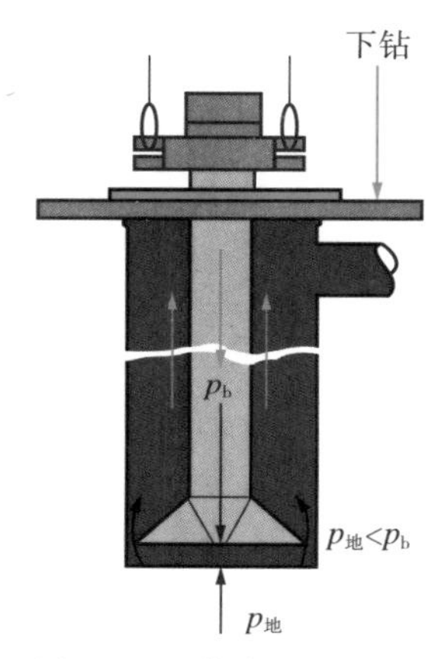

图 1–3–1　激动压力示意图

激动压力是由于向充满流体的井眼内下入钻柱（或下井仪器）而引起的附加压力，如图 1–3–1 所示，其中，$p_地$为地层压力，p_b 为井底压力。钻柱（或下井仪器）下行，挤压下方的钻井液，使其向上流动。同时，钻井液向上流动时要克服流动阻力的影响，导致井壁与井底也承受了该流动阻力，使得井底压力增加。激动压力就是由于下放钻柱（或下井仪器）而使井底压力增加的压力，其数值为阻挠钻井液向上流动的流动阻力值。

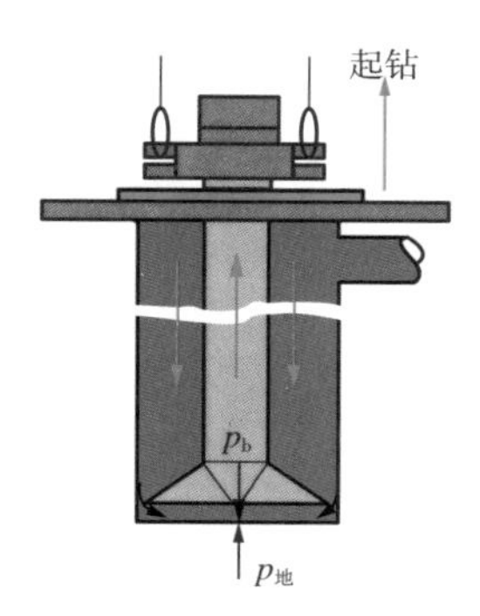

图 1–3–2　抽汲压力示意图

抽汲压力是由于从充满流体的井眼内起出钻柱（或下井仪器、射完孔后的射孔枪）而引起的压力降（图 1–3–2）。钻柱（或下井仪器、射完孔后的射孔枪）上提会引起钻井液向下流动，填充钻柱（或下井仪器、射完孔后的射孔枪）下端因上升而空出来的井眼空间。这部分钻井液流动时受到流动阻力的影响，使得井内钻井液不能及时充满这部分井眼空间，这样，在钻柱（或下井仪器、射完孔后的射孔枪）下方形成一个抽汲空间，其结果是降低了有效的井底压力。抽汲压力就是阻挠钻井液向下流动的流动阻力值。根据计算可知，一般情况下抽汲压力当量钻井液密度为 0.03~0.13g/cm^3。国外要求把抽汲压力当量钻井液密度减小到 0.036g/cm^3 左右。

激动压力和抽汲压力影响因素有管柱（下井仪器、射孔枪、取心枪等）的起下速度、钻井液黏度、钻井液静切力、环形空间的大小、钻井液密度和钻头泥包程度。

1.7 井底压力

井底压力指地面和井内各种压力作用在井底的总压力。在不同作业情况下，井底压力是不一样的。在钻井作业中，始终有压力作用于井底，主要来自钻井液的静液压力 p_h。同时，将钻井液沿环空向上泵送时所消耗的泵压也作用于井底，即循环钻井液时的环空压耗 $p_{环空}$。其他还有侵入井内的地层流体的压力、激动压力、抽汲压力、地面回压等。

（1）静止状态，$p_b=p_h$。

静止状态下，井底压力主要由钻井液的静液压力构成，钻井液的静液压力主要受钻井液密度和井内液柱高度的影响。

（2）正常循环时，$p_b=p_h+p_{环空}$。

井内流体循环时，环空压耗会使井底压力增加，过大的环空压耗可能导致漏失；一旦停止循环，环空压耗突然消失，会使井底压力下降，同样影响井内的压力平衡。

（3）节流循环时，$p_b=p_h+p_{环空}+$节流阀回压 $p_{节流阀}$。

节流循环除气或压井循环时，通过调节节流阀的不同开关程度，形成一定的井口回压，保持井底压力平衡地层压力。

（4）提钻时，$p_b=p_h-p_{抽汲}$。

由于抽汲压力的影响，提钻时的井底压力会下降，导致很多井在正常钻进时井底压力能够平衡地层压力，而提钻时发生溢流。因此，提钻时要事先判断并注意减小抽汲压力的影响。

（5）下钻时，$p_b=p_h+p_{激动}$。

由于激动压力的产生，使得下钻时的井底压力增大，虽不至于直接引发井控问题，但过大的激动压力可能导致漏失，致使静液压力下降，从而引发井控问题。所以，下钻时同样要做好井控工作。

（6）关井时，$p_b=p_h+p_{地面}$。

发生溢流后需及时关井，形成足够的地面回压，使井底压力能够重新平衡地层压力。地面回压作用于井口设备和整个井筒，要求井口设备具有足够的承压能力和密封性，地面回压过高会破坏井筒的完好性，所以关井地面回压并不是越大越好。

井底压力与地层压力之差称为井底压差。按此方法可将井眼压力状况分为过平衡、欠平衡和平衡三种情况。过平衡（又称正压差）指井底压力大于地层压力；欠平衡（又称负压差）指井底压力小于地层压力；平衡是井底压力等于地层压力的情况。通常所说的近平衡压力钻井指压差在规定范围内的过平衡压力钻井。

钻井液对油气层的伤害，不能单纯以钻井液密度的高低来衡量，而应以压差的大小和钻井液滤液的化学成分是否与油气层匹配来鉴别。

1.8 安全附加值

在近平衡压力钻进中，钻井液密度的确定以地层压力为基准，再增加一个安全附加值，以保证作业安全。在起钻时，由于抽汲压力的影响会使井底压力降低，而降低上提钻柱的速度等措施只能减小抽汲压力，但不能消除抽汲压力。因此，需要给钻井液密度附加一安全值来抵消抽汲压力等因素对井底压力的影响。附加方式主要有两种。

（1）按密度附加，其安全附加值：油水井为 0.05~0.10g/cm^3、气井为 0.07~0.15g/cm^3。

（2）按压力附加，其安全附加值：油水井为 1.5~3.5MPa、气井为 3.0~5.0MPa。

具体选择安全附加值时，应根据实际情况综合考虑地层压力预测精度、地层的埋藏深度、地层流体中硫化氢的含量、地应力和地层破裂压力、井控装置配套情况等因素，在规定范围内合理选择。

2 异常地层压力的形成机理

异常地层压力是相对于正常地层压力而言的高压或低压，习惯上统称为异常压力。异常压力是构成井溢、井喷或井漏的直接因素。

2.1 异常高压的形成机理

形成异常高压的因素主要有沉积作用（欠压实、地质沉积排水期封闭、成岩作用因素等）和构造运动（构造运动侧应力封闭挤压、盐刺、泥隆因素等）及其复合作用。

（1）压实作用。

压实作用是沉积速率与压实排液速率发生内在的不协调。沉积盆地中的异常高压主要是由于沉积物，特别是泥页岩沉积物的欠压实作用引起的。

按照地层压力的平衡关系有：

$$p_{ov}=p_p+\sigma_z \tag{1-3-3}$$

式中 p_{ov}——上覆岩层压力（包括岩石骨架和其中的流体）；

p_p——目的层孔隙流体压力；

σ_z——目的层骨架所承受的垂直应力。

在一个开放的压实环境下，当上覆岩层重量所造成的目的层压实量与目的层孔隙流体向外界排出量相平衡时，目的层孔隙流体压力保持正常的压力。当目的层沉积埋藏达到一定深度时，其孔隙特性和渗透率皆达到不能以压实速率排液时，正常的连续排液被打破，必然造成流体压力的升高而形成异常高压（图 1-3-3）。压实作用通常决定于三种主要地质条件：缺乏渗透层、沉积速度快、沉积物堆积厚。

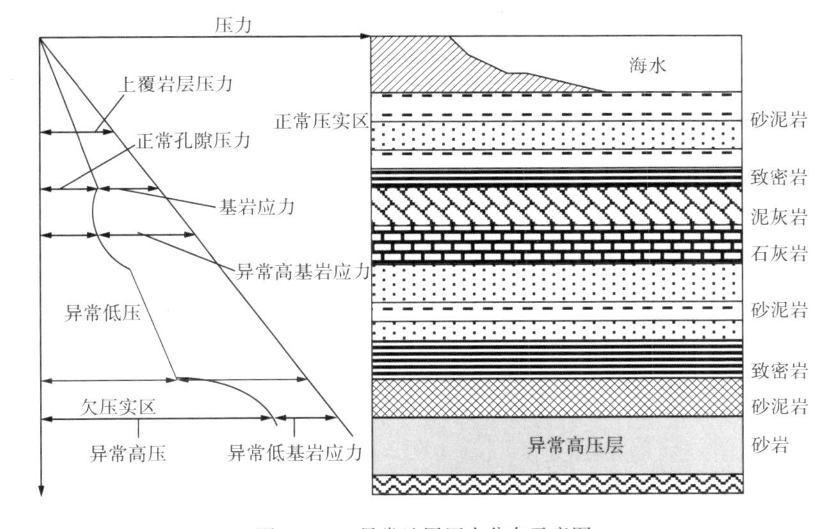

图 1-3-3 异常地层压力分布示意图

（2）水热效应增压。

随着埋藏深度的增加，地温、水温上升，在沉积封闭条件下即可使孔隙水体积增加，从而产生异常高压，即为水热效应增压。实际钻探经验表明：异常地层温度与异常压力是相伴出现的，异常高压则出现地温异常增高。构造隆起和剥蚀可造成地温减小。

（3）后期压实成岩相变作用（矿物脱水）。

在成岩作用过程中，有些矿物发生变化，脱出层间水和析出结晶水，增加地层中流体的数量，引起流体压力升高，即为后期压实成岩相变作用。通常的相变包括：

① 蒙皂石→伊利石。这种作用可使黏土中最后几层束缚水解吸而成为粒间自由水，从而产生高压，并伴随孔隙度的增大。

② 石膏→硬石膏 + 水。这种转化使自由水的体积增加。

③ 水→冰。这种转变使地层产生封闭，在解冻时势必产生高压、高孔隙度。

④ 蛇纹石的脱水作用。机理同②。

这些相变常与欠压实伴生。

（4）自然水位液面压差 ΔH 产生高压。

即自流系统水头海拔差。具有一个异常高的、区域性的侧压水头面的作用可以引起低洼处超压，这属于异常静水压力。自然水系统为其典型实例（图 1-3-4）。

（5）油气的聚集使油气和水的密度差加大而产生高压（图 1-3-5）。静水的密度为 1.02g/cm^3，气的密度为 0.0959g/cm^3，则 4000m 处的静水压力为：

p_{4000}=9.81 × 1.02 × 4000=40.0248MPa

3000m 处的压力为：

p_{3000}=40.0248−9.81 × 0.0959 ×（4000−3000）=39.084MPa

3000m 处的压力梯度为：

G_{3000}=39.084/3000=13.00kPa/m

G_{3000} 大于静水压力梯度 9.81 × 1.02=10.00kPa/m，故为高压。

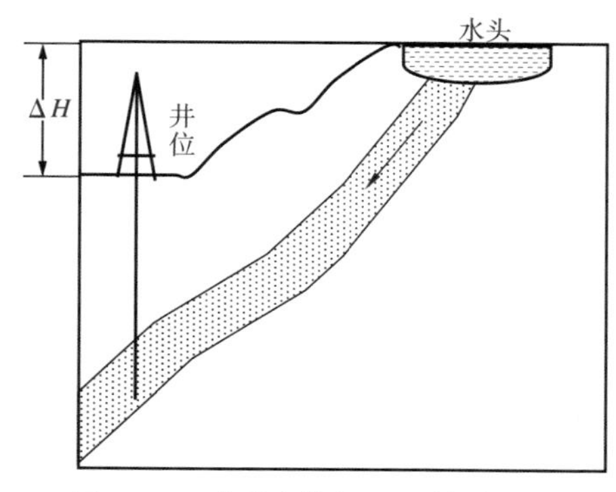

图 1-3-4　自然水位液面差引起高压示意图

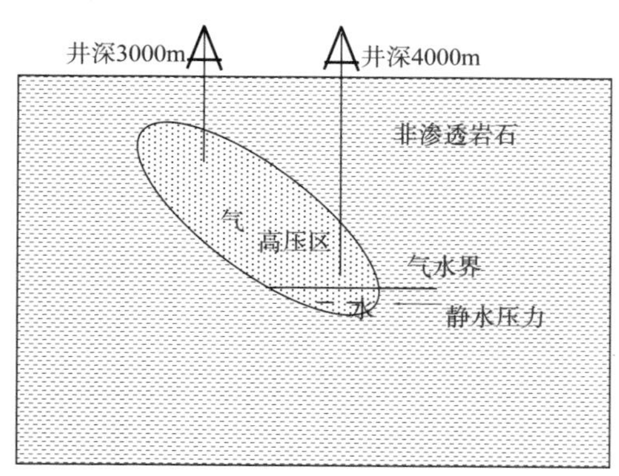

图 1-3-5　密度差引起高压示意图

（6）构造作用。

构造作用所产生的侧向应力使已经压实或欠压实地层的孔隙流体压力增加，由此引起高压（图 1-3-6）。

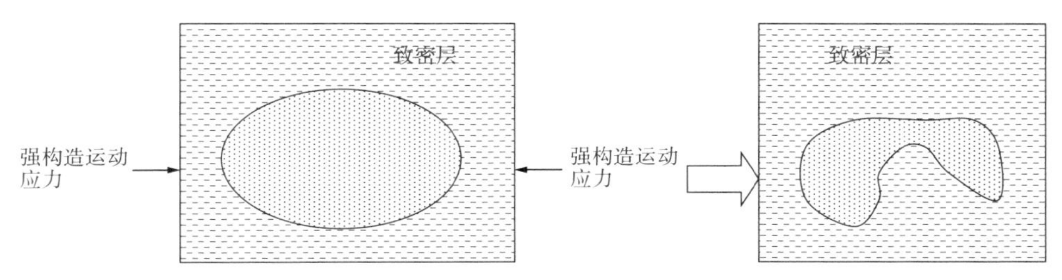

图 1-3-6　构造运动挤压使地层容积变小产生高压

（7）烃类的生成和注入。

在地壳深处，热力作用所产生的烃类，特别是天然气可引起明显的超压。由于油气注入孔隙，流体密度和流体体积的变化产生异常高压。

（8）注入作用。

深部高压流体沿断层、裂隙、老井眼水泥环或者工程报废井注入浅层而产生高压（图 1-3-7）。

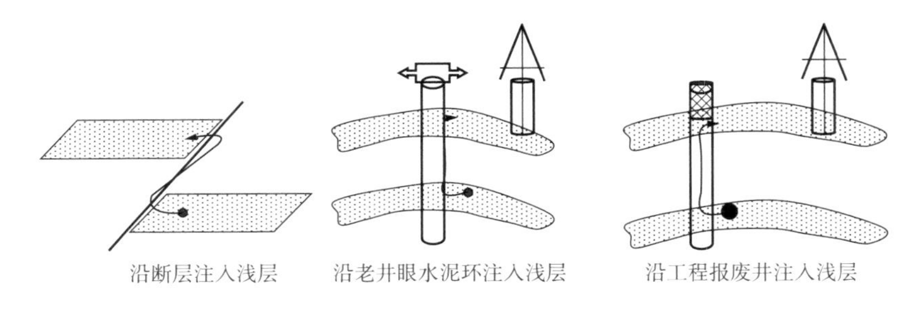

图 1-3-7　深层流体注入浅层引起高压

除此之外，渗析作用、剥蚀作用、胶结作用及工程技术作业、油气田开发等活动也是构成异常地层压力的因素之一。

2.2　异常低压的形成机理

异常低压较异常高压发生得要少。尽管如此，在许多地区的油气钻探中，还是遇到了异常低压。异常低压的形成机理包括：

（1）油气开采造成的异常低压，即大量的油、气、水从地层中采出，使得地层孔隙空间出现亏空现象，而又缺少足够的水驱补充，造成油气层被压实，甚至出现地表沉降。

（2）在半干燥或干燥地区，由于地下水面很低而形成异常低压。如中东地区，曾经遇到水面低于地表深达几百英尺，甚至几千英尺。在这种情况下，只有在地下水面以下才有正常的静水压力梯度。

（3）风化剥蚀作用引起的异常低压。剥蚀作用下地层抬升，使被隔绝的油气藏中的温度降低，地层冷却必然减小孔隙压力。

3 异常地层压力检测

异常地层压力产生的原因是复杂的，在一个含油气盆地中，一般具有多种异常压力的形成机理，也正是这些因素控制着区域的油气聚集。对异常地层压力进行检测，及时预报异常地层孔隙流体压力对井筒工程来说意义重大。

3.1 异常地层压力的现场识别特征

3.1.1 井下地质特征

（1）岩性的致密程度。异常压力地层的岩石致密程度一般都低于正常压力地层的岩石。这在钻井过程中可以根据地层的可钻性（dc 指数）来判断。

（2）储层的发育程度。异常压力多发育于储层相对缺乏的区段。以泥岩控制占优势的碎屑岩储层中，一般都普遍保持有异常高压。

（3） 储层的孔渗性。异常压力地层由于含有异常高的流体含量，保持了高的孔隙度，因而具有异常高的渗透率。这是根据地层速度预测地层压力的重要依据。

（4）成岩性。由于高压流体阻碍了成岩作用的产生，超压地层一般机械压实作用相对较弱。

3.1.2 构造特征

强烈的构造活动也会造成一些异常高压，如底辟、盐刺、挤压封挡等。构造应力也是异常高压的重要贡献因素。

3.1.3 地球物理特征

（1）速度特征。由于异常高压地层具有异常高的孔隙度，其地震波速度表现为低速特征，即在正常的速度变化趋势下出现速度的异常降低和其他的波属性的改变。这是由声波测井和地震速度资料预测异常压力的依据。

（2）岩石密度特征。与地层速度相对应，异常高压地层由于其压实程度低，地层岩石密度也异常降低。如泥（页）岩密度法：正常压实的泥（页）岩总体密度随深度而增加。绘出页岩总体密度对深度的曲线，并建立正常压实趋势线，正常压实的泥岩的总体密度随深度而增加，而超压的泥岩则明显表现为异常低的总体密度。

3.2 地层压力的检测方法

地层压力检测一般分为钻前预测、随钻检测（监测、预报）及完井后地层压力评价工作等内容。测井可以直接测量地层的相关物理参数，结合地震、录井、钻井等现场的数据资料，能够直观评价地层孔隙压力、流体压力，为井筒施工作业中规避井喷、井漏、井塌事故提供依据。

3.2.1 地震法

用地震法计算地层压力一般在钻井施工前，或一个工区钻探之前进行，主要用于钻前地层压力预测，预测精度上虽然有限，但可以在区域上确定大套地层的欠压实分布，预测可能的异常高压带和地区。

地层压力高导致岩石的密度减小，岩石孔隙高使地震波的速度降低。孔隙岩层的压力与波速有如下公式：

$$p_{\mathrm{p}}=\frac{v_{\max}-v_{\mathrm{int}}}{v_{\max}-v_{\min}}\,\bar{\rho}_{\mathrm{o}}HC \tag{1-3-4}$$

式中 p_{p}——目的层地层压力，MPa；

$\bar{\rho}_{\mathrm{o}}$——上覆层平均密度，g/cm^3；

$v_{\max}$——孔隙度为 0 时的岩石地震波速度，m/s；

$v_{\min}$——孔隙度为 50% 时的岩石地震波速度，m/s；

v_{int}——计算目的层速度，m/s；

H——垂直深度，m；

C——压力转换系数。

式（1-3-4）中的参数均可通过地震速度求得，它能反映压力随深度的变化，其精度和分辨率受地层速度的影响。

3.2.2 随钻地层压力分析方法

（1）dc 指数法。在异常高地层孔隙流体压力层段，由于孔隙度高、井底压差小、岩石强度低且表现为脆性，所以标准化钻速（d 指数）有明显从大变小的变化。d 指数公式如下：

$$d=\frac{\lg\dfrac{0.0547R}{N}}{\lg\dfrac{0.0648W}{D}} \tag{1-3-5}$$

式中 d——标准化钻速（d 指数）；

R——机械钻速，m/min；

W——钻压，tf；

D——钻头直径，mm；

N——钻柱转速，r/min。

由于钻井液柱压力对 R 的影响较大，所以必须进行校正。通常采用等效钻井液循环密度 ECD 来校正：

$$\mathrm{dc}=\frac{d\rho_{\mathrm{n}}}{\mathrm{ECD}} \tag{1-3-6}$$

式中 dc——校正 d 指数；

ρ_{n}——正常地层孔隙压力梯度，kg/m^3；

ECD——等效钻井液循环密度，kg/m^3。

在对 ECD 进行计算时考虑了环空钻井液含岩屑量等因素，使 dc 更为准确可靠。

计算地层孔隙流体压力数学模型 EATON 公式为：

$$p_{\mathrm{p}}=p_{\mathrm{ov}}-(p_{\mathrm{ov}}-p_{\mathrm{n}})\left(\frac{\mathrm{dc}}{\mathrm{dcn}}\right)^{1.2} \tag{1-3-7}$$

$$\mathrm{dcn}=10^{a+bH} \tag{1-3-8}$$

式中 p_{p}——地层孔隙流体压力，kg/m^3；

p_{ov}——上覆地层压力，kg/m^3；

p_{n}——静水压力，kg/m^3；

H——正常地层孔隙流体压力，kg/m^3；

dcn——正常趋向线计算的 d 指数；

a，b——系数，随地区而变，由正常泥（页）岩 dc 分段（图 1-3-8）。

拟合求得，一般采取移动趋势线来处理。

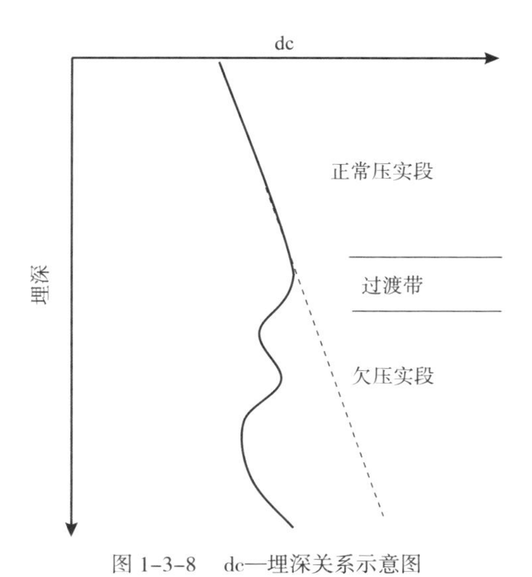

图 1-3-8 dc—埋深关系示意图

在计算中，只有泥岩点的 dc 数据才有意义，要根据实际情况挑选好泥岩点。在 Excel 表中处理这些计算和回归方程很方便。

（2）Sigmalog 法。这种方法对于 4000m 以下的井比较实用。也多用在近平衡钻进中，对碳酸盐岩或裂隙地层效果较好。一般不采用此法分析沙泥岩沉积的地层压力。

3.2.3 测井综合分析检测——声波时差法

原理也是基于正常压实与欠压实。声波在岩石中的传播时间是关于岩石孔隙度的函数。沉积岩的孔隙度正常在 5%~40% 之间，随着深度的增加，孔隙度减小，波速传播速度加快，单位深度的声波传播时间逐渐缩短。即存在如下关系式：

$$\ln\Delta t = c - kH \qquad (1\text{-}3\text{-}9)$$

计算公式：

$$G_p = G_{ov} - (G_{ov} - G_n)\frac{\ln\Delta t_0 - \ln\Delta t}{kH} \qquad (1\text{-}3\text{-}10)$$

或

$$G_p = G_{ov} - (G_{ov} - G_n)\left(\frac{\Delta t_n}{\Delta t}\right)^{\lambda} \qquad (1\text{-}3\text{-}11)$$

式中 G_p——目的层地层压力梯度，MPa/m；

G_{ov}——上覆层压力梯度，MPa/m；

H——目的层埋深，m；

G_n——静水压力梯度，MPa/m；

k——正常压实趋势线斜率；

Δt_0——正常压实趋势线截距；

Δt——测点声波时差，μs/m；

Δt_n——对应深度下正常压实趋势线值；

λ——实验指数。

3.2.4　地层破裂压力检测

地层破裂压力对于钻井而言十分重要，它决定着套管设计下深、油层保护、安全快速钻井等。地层破裂压力的大小主要决定于岩石自身特性，如岩石的裂缝情况、演示强度（主要是抗拉伸强度）、弹性常数及地层孔隙压力的大小。

预测地层破裂压力的研究对于设计钻井液的密度，确定井身结构、套管下深，制订固井设计和酸化压裂设计，达到安全、优质钻井、保护油气层及合理增产等同样有重要的意义。

4　与压力相关问题

4.1　溢流形成因素

当井底压力低于地层流体压力时，就可能发生溢流。在不同工况下，井底压力是由一种或多种压力构成的一个合力。因此，任何一个或多个引起井底压力降低的因素，都有可能最终导致溢流的发生。针对测井和射孔施工过程中，导致溢流形成的最主要原因是：

（1）电缆测井时，起出下井仪器后，井内未按规定灌满钻井液，导致钻井液静液压力低于地层压力。

（2）钻（油）杆传输测井时，起钻（油）杆过程，井内未按规定灌满钻井液，导致钻井液静液压力低于地层压力。

（3）起下井仪器、射孔枪、取心器等时，因速度过快、钻井液黏度和切力大、井眼环形空间小等因素，可能形成抽吸作用，会降低井内的有效静液压力，导致静液压力低于地层压力。

（4）测井过程中，在压力衰竭、疏松的砂岩及天然裂缝的碳酸盐岩中，钻井液容易漏入地层，引起井内液柱高度和静液压力下降。

（5）测井过程中，钻井液的油侵、气侵、水侵导致密度降低。

（6）射孔后造成井内静液压力不足以平衡或低于地层压力。

（7）测井作业时间大于安全工作时间。

测井时发生溢流，在条件允许的情况下，争取把电缆起出，然后按照空井工况去完成关井操作程序。如果情况紧急，无法起出电缆，则只好切断电缆，然后按照空井工况去完成关井操作程序。

4.2 井筒气体的膨胀和油气运移

4.2.1 气体的特征

气体是可压缩的流体，其体积取决于其上所加的压力。压力增加，体积减小；压力降低，体积增加。天然气的压力与体积变化情况是当压力增加一倍，其体积减小一半，反之，当压力减少一半，其体积增加一倍。

气体比钻井液的密度低得多，因此，钻井液中的气体总有一个向上运移的趋势。不管是否关井，气体运移总是会发生的。气体的这两个特性造成静液压力和井眼压力的变化，必须了解这个变化和预计这个变化，以便控制气侵。

4.2.2 井内气体膨胀

（1）钻井液气侵：气侵后，在气泡上升过程中，气泡上面的钻井液柱高度越来越小。气体所受的液柱压力也越来越小，这就引起气体体积逐渐膨胀。越向上升气体体积膨胀越大，当气体接近地面时气体体积膨胀到最大。应该注意以下事项：

①气泡侵入钻井液后，环空钻井液密度自下而上逐渐变小。

②钻井液气侵后，一般不会使井底压力小于地层压力。

③钻浅气层时，气侵使井底压力的减小程度比深井大。

（2）气体塞侵入：气体塞侵入和天然气侵一样，具有向上运移和体积膨胀两个特性。气柱上升到井深的一半，气柱所受的钻井液柱压力就减小一半，气体体积就增加一倍。当气柱再向上运移一半，气体体积又增加一倍。每上升到余下路程的一半，气柱体积就会增加一倍。气柱接近地面时，气柱体积增加到最大。应该注意以下事项：

①气体在井内上升时体积一直在膨胀，但增加量较小，直到靠近地面时才迅速增加，大量的气体突然喷出卸载，这时钻井液池液面才增加比较明显。

②气体膨胀上升对井底压力的影响很小，只是到靠近地面时，井底压力才能有明显降低。

4.2.3　井内气体运移

气体密度较低是引起气体在环空上升的原因。若钻杆在井内居中，气塞在环空中的形状像一个弯曲的香蕉，气体上升在环空的一边，而另一边是钻井液的回流。

（1）开井时气体运移：起钻过程中，少量气侵不易被发现，随着钻具起出，气体不断运移，经过一段时间后，气体上升膨胀到一定程度，当井内液柱压力低于地层压力时，表现出极微弱的溢流。

（2）关井时气体运移：气体向上滑脱上升，因体积不能膨胀，所以气体就保持压力不变而向上移动。井口和井内各处压力都增加，易发生地面井口设备损坏和井漏。

计算气体向上运移高度及上移速度公式：

$$H_m=(p_2-p_1)/(0.0098\rho_m) \quad (1-3-12)$$

$$v=H_m/(T_2-T_1) \quad (1-3-13)$$

式中　p_1——记录始点井口压力，MPa；

p_2——记录终点井口压力，MPa；

ρ_m——井内钻井液密度，g/cm^3；

H_m——运移高度，m；

T_1——记录始点时刻，h；

T_2——记录终点时刻，h；

v——气体上移速度，m/h。

例：已知在1:43由于井涌关井。初始井口压力为2.241MPa，在2:25井口压力增到4.378MPa，井内钻井液密度为1.41g/cm^3，那么气体向上运移高度和上移速度分别是多少？

解：$H_m=(4.378-2.241)/(0.0098\times1.41)=154.6$m

$v=154.6/(42/60)=221$m/h

4.3 U 形管原理

U 形管原理如图 1-3-9 所示，将钻柱和环空视为一连通的 U 形管，井底所在地层视为 U 形管底部，若环空发生溢流后关井，则钻柱、环空、地层压力系统见下式，即实施常规压井过程中，基本原则是始终保持井底压力与地层压力的平衡，不使新的地层流体进入井内。

压井原理：

$$p_b=p_{md}+p_d=p_{mc}+p_c=p_p \tag{1-3-14}$$

式中 p_b——井底压力，MPa；

p_{md}——钻具内液柱压力，MPa；

p_d——关井立管压力，MPa；

p_{mc}——环空内液柱压力，MPa；

p_c——关井套管压力，MPa；

p_p——地层压力，MPa。

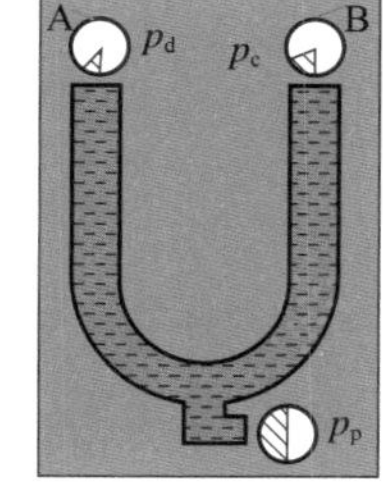

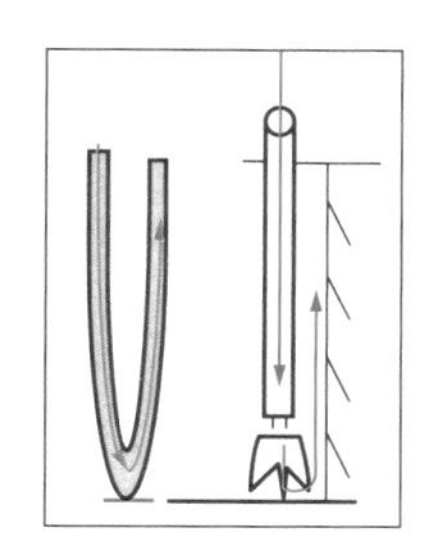

图 1-3-9　U 形管原理示意图

图 1-3-9 用公式描述：

$$p_{BH}=p_{H(A)}+p_{d(A)}=p_{H(B)}+p_{c(B)} \tag{1-3-15}$$

式中 p_{BH}——深度 H 处压力，MPa；

$p_{H(A)}$——U 形管 A 边管柱压力，MPa；

$p_{H(B)}$——U 形管 B 边管柱压力，MPa；

$p_{d(A)}$——U 形管 A 边压力，MPa；

$p_{c(B)}$——U 形管 B 边压力，MPa。

$$\begin{aligned}&\text{钻具内：}p_b=p_d+0.0098\rho_m H\\&\text{环空内：}p_b=p_c+0.0098\rho_m H\end{aligned} \tag{1-3-16}$$

式中 H——U 形管高度，m；

ρ_m——钻井液密度，g/cm^3。

如果因环空已侵入流体，ρ_m 不确定，不能以式 (1-3-16) 来计算井底压力，始终保持 p_b 为常数。

压井基本要求：

p_b= 常数，压井排量 Q =常数，ρ_m =常数。

第四节　井喷的原因和危害

井喷是地层流体无控制地涌入井筒并喷出地面的现象。它有一个发展过程，即井侵—溢流—井涌—井喷—井喷失控。每个环节若处理不好就会向下一个环节发展。环节的初始阶段都有预兆显示，早发现并及时正确处理就不会向下一环节发展。

1　井喷的原因

（1）设计缺陷：

①未提供三个压力剖面，特别是准确的地层压力资料。

②未提供施工井周边注水井的压力、注水量等资料。

③未提示施工井所在区块（地区）浅气层和过去所钻井发生井喷事故的资料。

④井身结构与井控装置设计不合理。

⑤钻井液密度设计不合适，加重材料储备及加重能力不足。

⑥井控技术措施不完善，针对性、可操作性差。

（2）设备设施缺陷：

①未按设计要求安装防喷器。

②防喷装置的安装及使用不符合《石油与天然气钻井井控技术规范》（GB/T 31033—2014）的要求。

③未按要求定期维护保养防喷装置。

（3）溢流处置不当。

（4）思想麻痹，存在侥幸心理，作业过程中违章操作。

2　井喷失控的危害

（1）打乱正常的工作秩序，影响全局生产。

（2）造成井下复杂化。

（3）井喷失控极易引起火灾和地层塌陷，影响周围千家万户的生命安全。

（4）造成环境污染，影响邻近农田水利、渔场、牧场和林场的生产建设。

（5）伤害油气层、破坏地下油气资源。

（6）直接造成机毁人亡和油气井报废，带来巨大的经济损失。

（7）涉及面广，在国际、国内造成不良的社会影响，有损企业公众形象。

第二章 测井防喷装置

测井防喷装置是在套管井测井时，为了防止生产井（注入井和产出井）中的高温、高压流体（油、气、汽、水）从井口外喷，保持在生产井正常压力下进行测井（即密闭测井）而在采油树上安装的安全装置。测井防喷装置主要用于油、气生产井和注入井进行电缆（钢丝）作业时的井口密封，是压力的缓冲区和测井仪器通过井口的过渡区。

第一节 防喷装置

电缆防喷装置主要部件包括转换法兰接头、泵入短节、电缆封井器、防落器（下捕捉器）、快速试压短节、防喷管、抓卡器（上捕捉器）、电缆剪切器、注脂控制头、防喷盒、刮绳器和注脂控制系统等（图 2–1–1）。

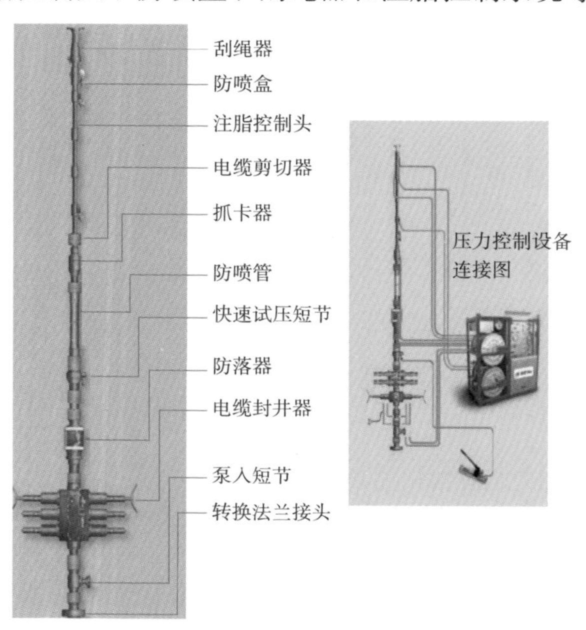

图 2–1–1 电缆防喷装置示意图

1 电缆封井器

电缆封井器通过闸板总成密封电缆外圆柱来实现井口压力控制。在承压情况下，电缆需要维修时或注脂控制系统无法重新获得密封时使用。密封部件有两部分：弹性橡胶和金属筋板。金属筋板的规格与电缆规格对应匹配。弹性橡胶通常称为闸板胶心。当关闭电缆封井器时，闸板胶心在液缸的推动下挤压电缆，橡胶变形填充闸板胶心与电缆之间的缝隙，形成密封，如图 2-1-2 所示。

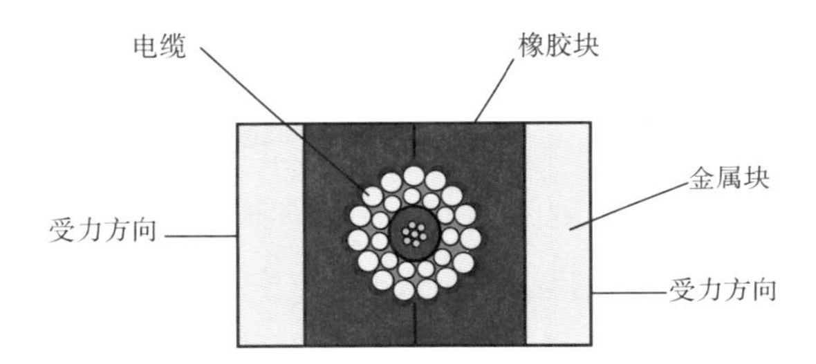

图 2-1-2 弹性橡胶与电缆密封剖面图

电缆封井器有多种尺寸规格和压力等级，其选用取决于预定的井口压力和井口安装的防喷装置类型。

电缆封井器闸板密封由安装在电缆封井器闸板体前部的前密封和环绕闸板体顶部的半圆形顶密封组成。顶密封和前密封安装到闸板体上后连接在一起。前密封起到密封电缆外圆柱的作用，顶密封用来防止井液通过闸板腔与闸板体之间的缝隙泄漏。闸板密封结构如图 2-1-3 所示。

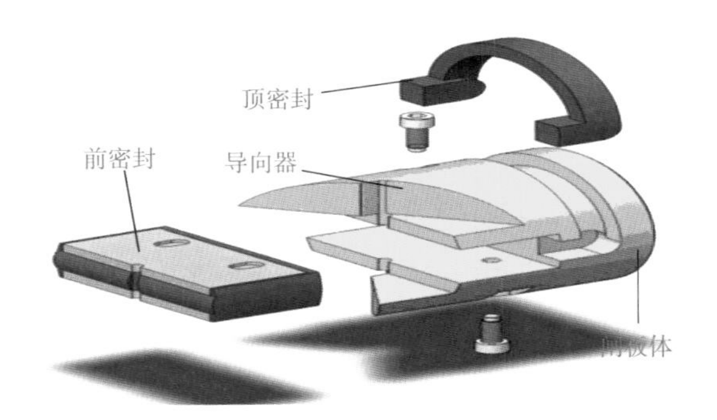

图 2-1-3 闸板密封结构示意图

电缆封井器闸板应防止旋转。为此，封井器液缸总成接头设计了一个导向杆，导向杆通过螺纹安装到接头上，卡在闸板体的沟槽里，起到防转的目的。最新的闸板体产品，导向杆卡在闸板体上的定位孔里。双导向闸板总成，两个闸板总成上每个都有一个导向结构，当两个闸板在关闭过程中，电缆被导向定位到密封沟槽里。最新设计的产品，闸板体是整体（区别于镶嵌式的导向闸板体）。闸板总成结构如图 2–1–4 所示。

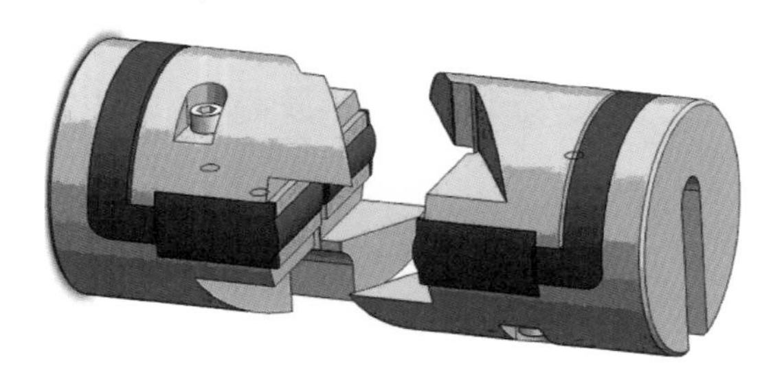

图 2–1–4　闸板总成结构示意图

当电缆封井器闸板关闭后，压力达到稳定状态，井压作用在闸板体后部，推动闸板向井口中心靠近，起到一定的辅助密封作用。电缆封井器的关闭比，也就是液缸液压油压力与能形成有效密封的井压的比值为 1 : 10。比如，液控系统提供 1.4MPa 压力的液压油可以关闭电缆封井器的闸板总成，对 14MPa 井压形成有效密封。

电缆封井器闸板总成安装方向一旦上下颠倒 [发生该种情况，通常是因为一些旧型号的设备上下两端连接方式相同，且没有快速连接活接头（由壬）区别]，会导致井压与闸板密封方向相反而无法实现有效密封。因此，检查电缆封井器闸板安装方向是否正确非常重要。其一，电缆封井器上部闸板均正装，即装配时导向杆位置应位于电缆封井器闸板主体下侧，闸板总成顶密封背对井压方向；其二，对于编织类绳索或电缆作业用封井器，大多数双闸板或三闸板封井器的下部闸板倒装，也有的中部闸板倒装，即闸板导向杆位于电缆封井器闸板主体上侧，闸板总成顶密封面向井压方向。但针对光滑钢丝作业用电缆封井器，其所有闸板均具备承压性，没有一个是倒置的。

需注意的是，油缸总成接头上有两个 180° 分布的螺纹孔用来安装导向杆，将导向杆安装到相反方向的螺纹孔中，再将闸板总成旋转，即可将正常的闸板总成倒置。

双闸板电缆封井器由两对上下并列的液缸驱动的闸板总成组成。当进行电缆作业时，下部闸板总成倒置。上下闸板之间有一个注脂接头，可在压力下注脂形成密封，防止气体沿电缆向上游走。双闸板电缆封井器结构如图 2-1-5 所示。

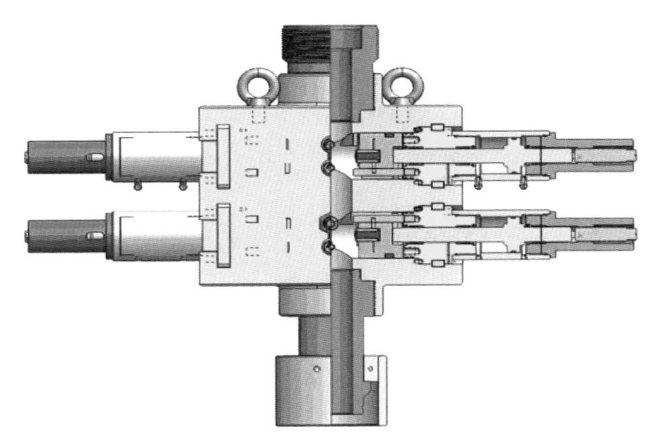

图 2-1-5　双闸板电缆封井器结构示意图

三闸板电缆封井器用于高压油气井，上面两对闸板总成正常安装，下面一对闸板总成倒置安装。在使用时，顶部闸板和中部闸板总成需要关闭，并在闸板总成之间注入密封脂。下部的闸板总成是在顶部的闸板总成密封失效时应急使用的。每次作业完成后，检查顶部闸板总成的密封件，确保完好。三闸板电缆封井器结构如图 2-1-6 所示。

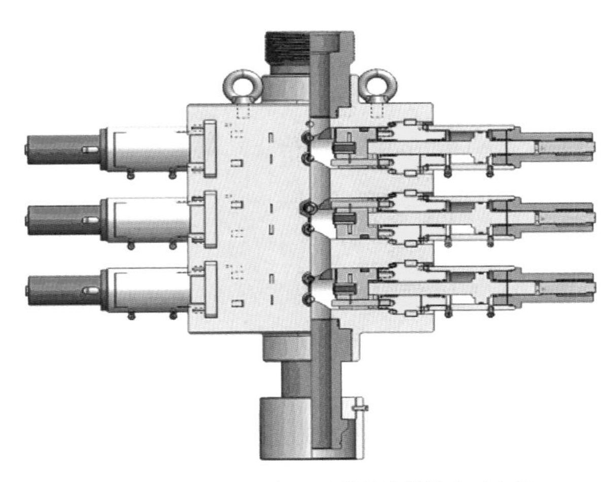

图 2-1-6　三闸板电缆封井器结构示意图

压力平衡阀：电缆封井器安装了压力平衡阀。压力平衡阀（图 2–1–7）用于闸板关闭后，平衡电缆封井器与防喷管之间的压力差。打开闸板时，需要将压力平衡阀打开。每对闸板总成都要配备压力平衡阀。

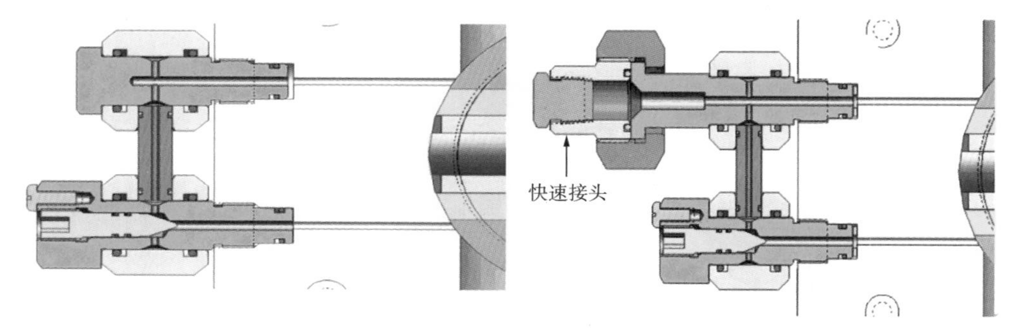

（a）未安装快速接头的压力平衡阀　　（b）已安装快速接头的压力平衡阀

图 2–1–7　压力平衡阀结构示意图

2　防落器

防落器由主体、传动齿轮、手柄及接盘等组成（图 2–1–8）。结构特点是用外边的手柄可以进行手动操作来竖起或放倒接盘。在液压操作时，手柄起到指示作用。液压驱动器安装在外边，可以在不拆卸主体的情况下进行检修。

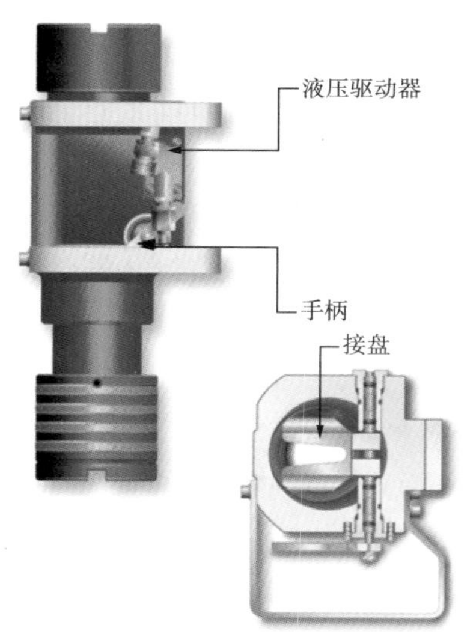

图 2–1–8　防落器结构示意图

防落器的功能是在作业过程中，阻挡测井仪器落入井内。

防落器安装在封井器的上方，防喷管的下方。正常工作时操作手柄处于水平位置，接盘（有时也称为“挡板”）为关闭状态。仪器串通过防落器后，泄掉液压油让接盘自动关闭，电缆可从接盘中间的通槽内通过。防落器的开启可由液动操作或手动操作完成。当需要通过液动方式打开接盘时，可向液压缸内注入液压油，液压油带动活塞，通过齿条、齿轮传动，将直线运动变为销轴的旋转运动，从而带动接盘到打开位置。当液动系统出现问题时，可手动操作防落器实现开启和关闭，用手朝上旋转操作手柄 90° 即可打开接盘。需要关闭接盘时，可泄掉油缸内的液压油，弹簧作用推动活塞，通过齿条、齿轮传动使接盘回复到水平关闭位置，把仪器阻挡在防喷管内，以防落入井内。

防落器接盘有凹槽，比电缆大，比下井仪器串小，为弹簧式装置，拉出工具时会自动打开，但当工具上升到防落器正上方时，接盘会立即回复到关闭位置。

3 防喷管

防喷管是一系列相互连接的管子，用来为下井工具提供一定的容纳空间，以便开启和关闭井口阀门。防喷管的总长度不宜超过 30m，同时大于下井仪器串总长度 1m 以上，其内径应大于仪器串最大外径 6mm 或射孔枪外径 15mm。防喷管为无缝钢管制作，长度一般根据需要制作成 2~2.5m，另外配备 0.5m 和 1m 的短节作为调整短节。每根防喷管接头配有高压快接接头，快接接头可以是对接焊的，或者与防喷管主体是一个整体。防喷管之间的连接采用梯形螺纹接头连接形式（图 2–1–9）。

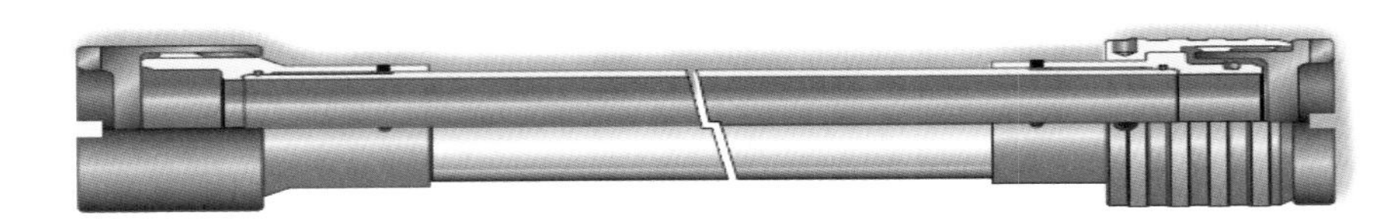

图 2–1–9 防喷管结构示意图

防喷管密封由不同的弹性化合物材料制成，这取决于操作温度和井液的性质。特殊密封用于寒冷环境下密封超强腐蚀性液体（高浓度硫化氢、二氧化碳），或用于注蒸汽作业。

电缆封井器和其他井口压力控制装置管柱的组件通过快接接头相互连接。快接接头根据接头的外形自动校准。位于外螺纹接头端部的密封带有内部 O 形密封圈。快接接头使用 ACME 规格的螺纹。该规格的螺纹连接不需要扣紧来使 O 形环起作用。如果匹配角度正确，那么扣环可手动扣紧和松开，简单快速。该连接没有必要使用扳钳来拧紧。

BOWEN 和 OTIS 快接接头为常用的活接头类型（图 2–1–10、图 2–1–11）。

只是外形有所不同，BOWEN 和 OTIS 快接接头不可互换。BOWEN 快接接头连接更加致密，而 OTIS 快接接头连接在没有准确校准时易于对扣，为首选。它们都为标准尺寸，规格与连接内径和压力等级有关。

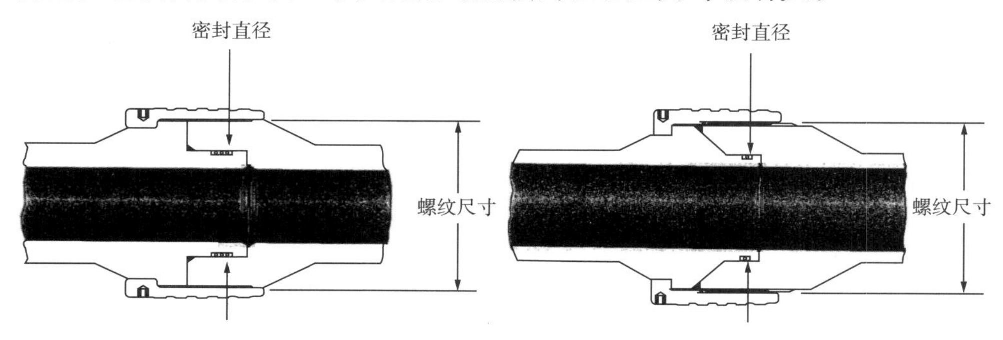

图 2-1-10　BOWEN 快接接头结构示意图　　图 2-1-11　OTIS 快接接头结构示意图

一种活接头的规格表示方法为：

（1）型号：BOWEN 或 OTIS* ACME 螺纹直径，用英寸表示；

（2）每英寸螺纹数（TPI），有些连接为双头螺纹（DL，有时也标记为 ×2）；

（3）密封直径按英寸计算，精确到千分位。

例如："BOWEN 8-1/4″ -4DL-(6.000″)"表示 BOWEN 快接接头，8¼ in ACME 螺纹，每英寸 4 条螺纹，双头螺纹，密封直径为 6.000in。也可表示为"BOWEN 8.25-4×2-（6.000）"。该活接头可应用在 4in 内径的设备上，额定压力为 70MPa，抗硫化氢。

4　抓卡器

抓卡器通常位于防喷管正上方，注脂控制头的正下方。一旦仪器串或工具由于疏忽被拉进防喷管的顶端，且薄弱部分受到损坏，那么抓卡器可防止仪器串掉落。当抓卡器起作用时，可抓住电缆头或者钢丝绳套打捞颈，安全托住防喷管内的工具。电缆防喷装置管串上至少应配有一套抓卡系统，防落器或抓卡器均可。

抓卡器是一套安全装置，具有独特的"依靠液压系统实现工具释放"的性能，当没有液压系统动作时，装置总是处在抓卡状态。

一旦电缆头被拉进抓卡器（拉力为 45~70kgf），靠弹簧力的作用使张开的卡瓦包容住电缆头，然后卡瓦弹簧继续受压，弹簧力将卡瓦关闭，电缆头被自动抓卡住。

要释放电缆头，须启动液压系统。将液压油注入抓卡器下主体的油腔内，推动活塞压缩弹簧，从而带动卡瓦打开，使电缆头得到释放。释放电缆头所需的油压与井口压力有直接关系。当井口压力为 0 时，释放电缆头所需的油压为 14MPa； 当井口压力为 105MPa 时，释放电缆头所需的油压为 19.6MPa。当泄掉油压后，靠弹簧力和井口压力使活塞下行复位，卡瓦也重新回到原来的位置，继续保持抓卡状态。

抓卡器（图 2–1–12）主要由上主体、下主体、活接头、活塞、心轴、卡瓦等零件组成，有带阻流球阀或不带阻流球阀两种形式。不带阻流球阀形式的抓卡器，上部为内螺纹活接头，下部为外螺纹活接头；带阻流球阀形式的抓卡器，上部为与注脂控制头相连的内螺纹，上主体装有阻流球阀，下部为外螺纹活接头。

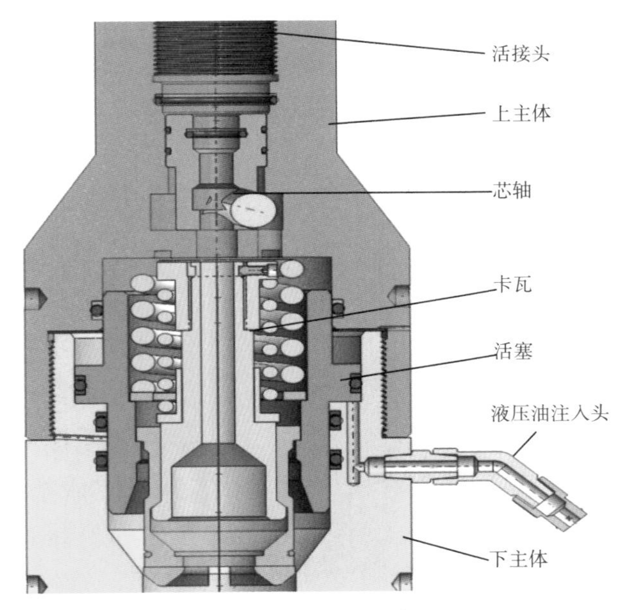

图 2–1–12　抓卡器结构示意图

带阻流球阀：如果仪器上顶的力量过大，导致电缆被拔断时，埋伏在防顶上接头一侧的钢球在井内高压液体的冲击下，向上移动至电缆通道，防止井内液体自电缆通道向上流出，起到防漏的作用。球阀工作如图 2-1-13 所示。

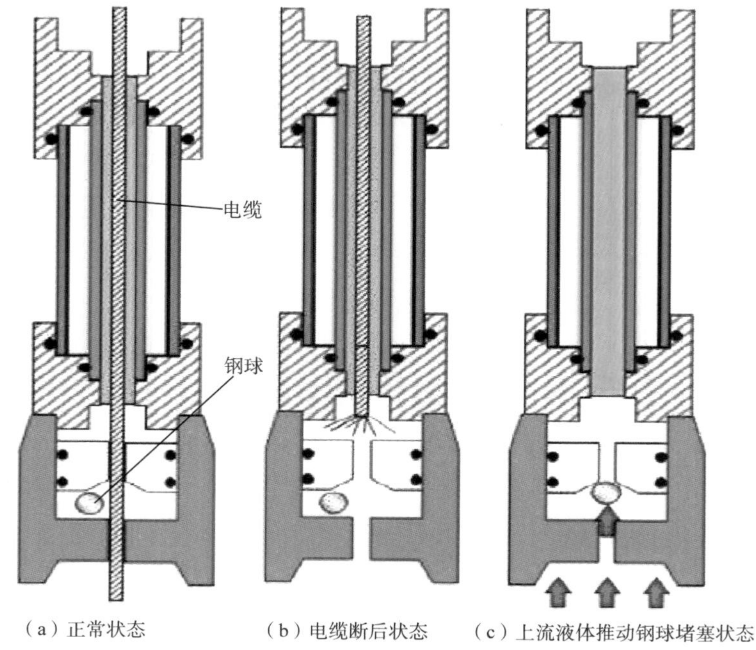

图 2-1-13　阻流球阀工作示意图

5　电缆剪切器

电缆剪切器安装到抓卡器与注脂控制头之间，用于在紧急情况下剪断电缆。该型电缆剪切器结构简单，通过液压油驱动剪断电缆，依靠弹簧反弹力使活塞复位。液缸液压 35MPa，推荐操作液压不大于 21MPa，设备强度试验压力为额定工作压力的 1.2 倍。电缆剪切器可剪断的最大电缆直径为 12.7mm。电缆剪切器结构如图 2-1-14 所示。

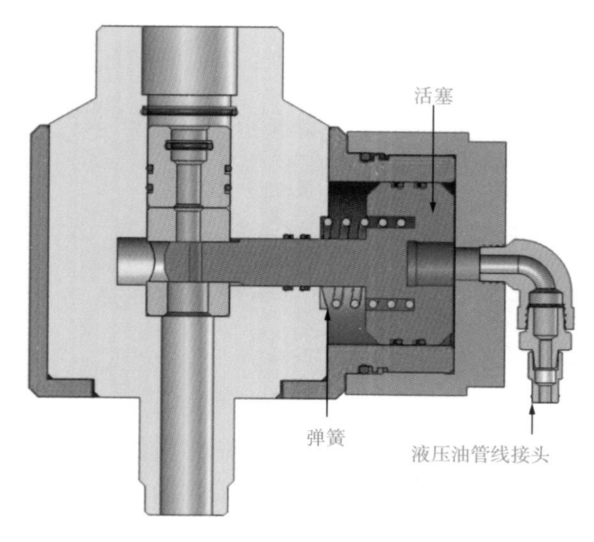

图 2-1-14　电缆剪切器结构示意图

6 注脂控制头

注脂控制头由弹簧、导柱、胶筒和阻流管等组成（图 2-1-15）。阻流管是一种内壁光滑的钢管，经过热处理提高硬度，其内径与电缆外径相差只有 0.05~0.4mm 的间隙。导柱、胶筒和阻流管等相应尺寸均应与所使用的电缆尺寸匹配。注脂控制头下方与电缆剪切器、化学试剂注入短接、抓卡器或防喷管连接。

阻流管是注脂控制头的关键部件，其作用是用来平衡大部分井口压力。该部件允许井内存有压力，同时还允许电缆自由活动。压力密封由黏稠的密封脂维持，密封脂通过注脂泵注入电缆和阻流管之间的环形空隙内。由于阻流管与电缆间配合间隙很小，从注脂管线注入的密封脂进入电缆与阻流管间的环形间隙时，便会形成很大的压力差。如果防喷管内压力为 0，密封脂就会向下通过下部阻流管端口流出，但井压保持密封脂位于阻流管内，并通过阻流管上部端口向上流出。在实际操作过程中，少量的密封脂会在两个端口流失，特别是当电缆活动的时候，但是井压和井液会保留在流管内。向下流动的密封脂流到阻流管出口处时，与井口压力基本平衡或略大于井口压力，从而阻止井口油气的外泄。由于上阻流管比下阻流管长，向上流动的密封脂的压力降很大，从回流管流入废油桶时，密封脂压力大致与大气压力相平衡。

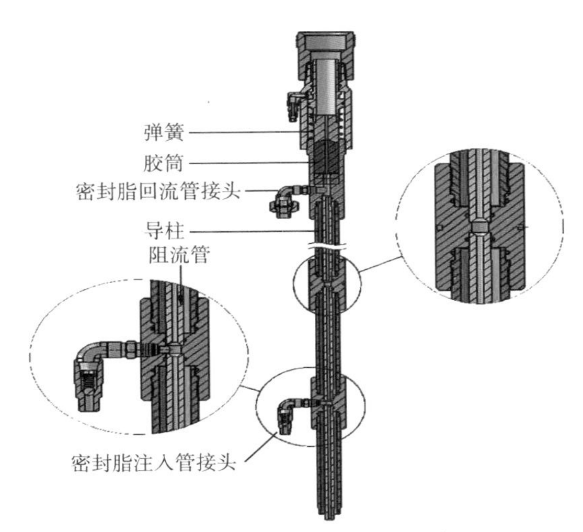

图 2-1-15 注脂控制头结构示意图

由阻流管控制的井压随着阻流管长度的增加而增大。当井口压力过高或阻流管磨损间隙过大时，可增加注脂控制头下面阻流管的数量，以平衡井口压力。

同一标称直径的电缆，因铠装结构、生产厂家、使用新旧程度等因素的影响，实际可通过直径并不相同，因而选用阻流管时，应综合考虑这些因素。

7　防喷盒

防喷盒用于紧急情况或注脂控制头密封失效情况下暂时密封井口压力。防喷盒可用于5kpsi、10kpsi和15kpsi作业等级，适用液压压力最大为43.75MPa。15kpsi设备通常配有双防喷盒。防喷盒测试压力取决于工作压力等级，比如10kpsi和15kpsi工作压力的等级的1.2倍，或者5kpsi的2倍。

防喷盒的橡胶件位于装有弹簧活塞的下方。当处于打开状态（图2-1-16）时，橡胶密封装置松弛装配在电缆周围，对其移动没有任何阻碍。

当关闭密封装置（图2-1-17）时，液压油被泵入活塞上端的腔室内，活塞向下推进，克服弹簧阻力，挤压橡胶件，电缆被抱紧。当液动压力被释放，弹簧向上推动活塞，橡胶就会回复原状，释放电缆。

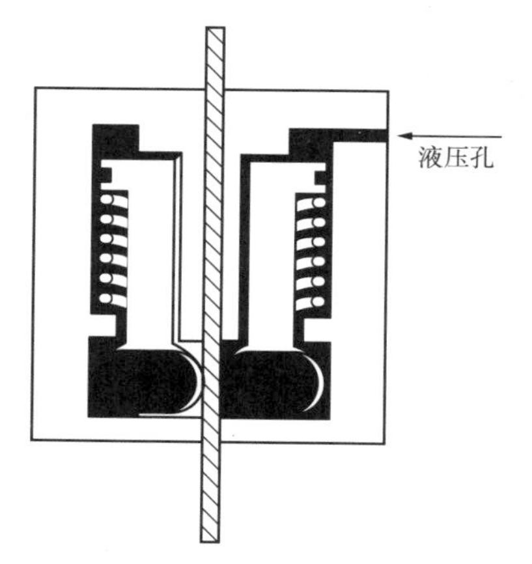

图2-1-16　电缆防喷盒打开状态示意图
电缆防喷盒处于打开状态，电缆可以自由移动

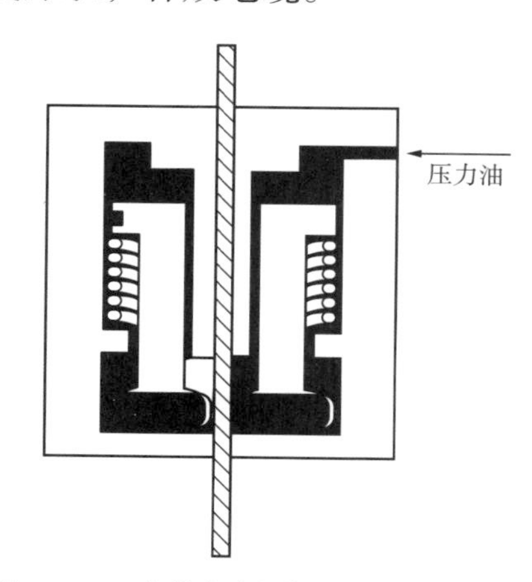

图2-1-17　电缆防喷盒关闭状态示意图
电缆防喷盒处于关闭状态，橡胶密封装置抱紧电缆

该装置的操作比较简单。当需要操纵防喷盒密封电缆时，启动液压泵或手动泵，由液压推动防喷盒活塞动作，使压紧套压紧橡胶密封装置，对电缆进行密封。注意液压压力不得大于42MPa。当释放液压压力后，活塞在弹簧力的作用下向上移动，松开橡胶密封装置，此时橡胶密封装置只起到刮油的作用。在密封不同直径的电缆时，防喷盒中的橡胶密封装置、密封装置座、压紧套都应和电缆规格相配套。

需注意的是密封装置不是当作刮油器来使用的。当密封装置关闭时，橡胶可牢牢夹住电缆，电缆不能随意移动，此时若使用过大拉力，电缆的外部铠装会被挤压变形，不断的拉伸会造成铠装钢丝严重磨损，折断并楔入流管，也可能将电缆拉断。

8 刮绳器

刮绳器安装在防喷盒的上部，不是用来保持压力，而是用来刮去电缆上的油污，起到清洁电缆的作用。刮绳器主要由喇叭口、骨架弹簧、活塞、衬套、橡胶体（橡胶密封装置）、上主体、下主体及活接头等组成（图2–1–18）。刮绳器采用液压密封式结构，可远距离操作，具有操作简单、密封可靠的特点。

橡胶体的压紧是靠活塞的向上运动来完成的。手动泵注油，活塞向上移动，从而推动衬套压紧橡胶体。释放手动泵的压力后，活塞在骨架弹簧的弹性力作用下，推动活塞恢复原位，具有弹性的橡胶体也重新复位，此时橡胶体只起刮油的作用。

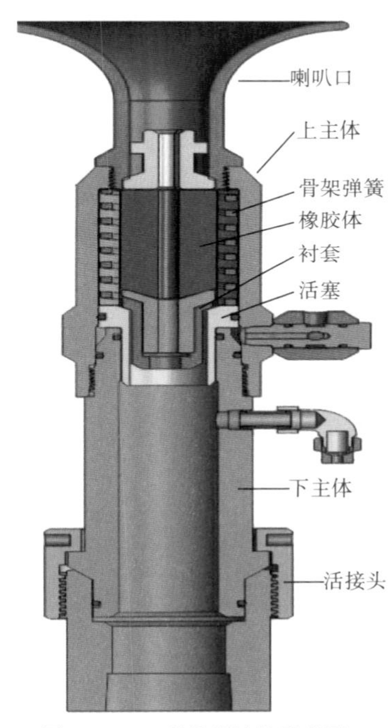

图2–1–18 刮绳器结构示意图

9 快速试压短节

快速试压短节通常连接在防落器与防喷管之间（图2–1–19），主要用在多次电缆作业时。只需第一次对防喷装置进行整体压力测试，此后可从快速试压短节中间位置拆卸、连接及压力测试。快速试压接头的顶部和底部均带有快接接头，中间位置有快速测试接头。经过最初的压力测试，可以确定管线的整体密封性能。此后压力测试时，可以使用试压短节来确认其O形密封圈是否完好，不需再对整个防喷装置进行压力测试。从外部连接一个小型手动泵到快速试压短节，手动泵扳动数次，就可以从外部对O形密封圈密封性能进行测试。

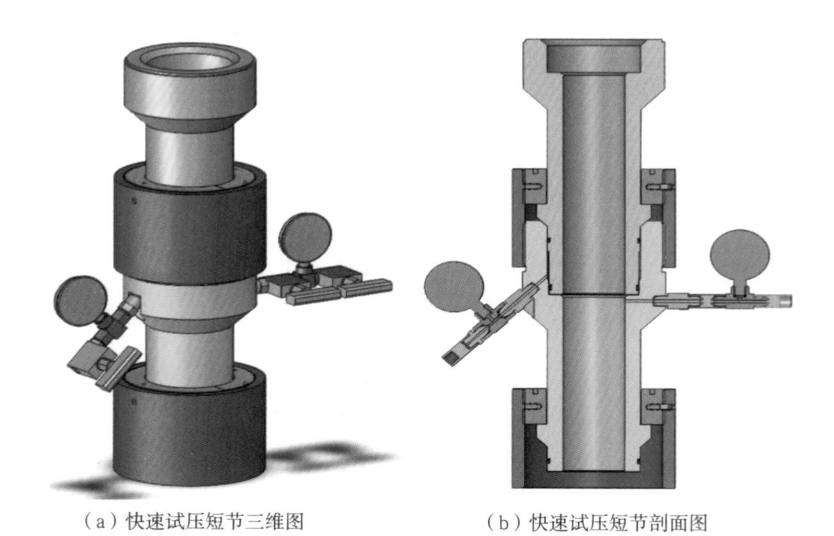

（a）快速试压短节三维图　　（b）快速试压短节剖面图

图 2-1-19　快速试压短节结构示意图

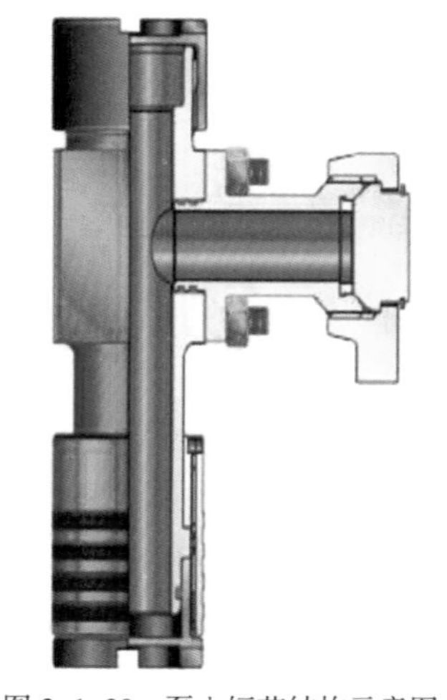

图 2-1-20　泵入短节结构示意图

10　泵入短节

泵入短节相当于井口三通（图 2-1-20），安装在防喷管下方，用于测试时向井口注入某些化学剂，具有井内流体（液相或气相）的节流、循环和控压功能。化学剂种类很多，例如，冬季测试时，为了防止井口结冰，影响电缆起下，注入防冻剂。对于某些生产中含水的气井，也可以用防冻剂解除井口结冰问题。对于含有腐蚀性成分的井，可以注入防腐蚀剂，以减缓对电缆或钢丝的腐蚀。

11　井口转换接头

采油（气）井口装置（图 2-1-21）是自喷井和机采井等用来开采石油的井口装置，是油气井最上部的控制和调节油气生产的主要设备。

在采油（气）树的下部与套管头、油管头相连接；在采油（气）树的上部通过法兰转换接头、螺纹转换接头与测井防喷器的部件相连接。

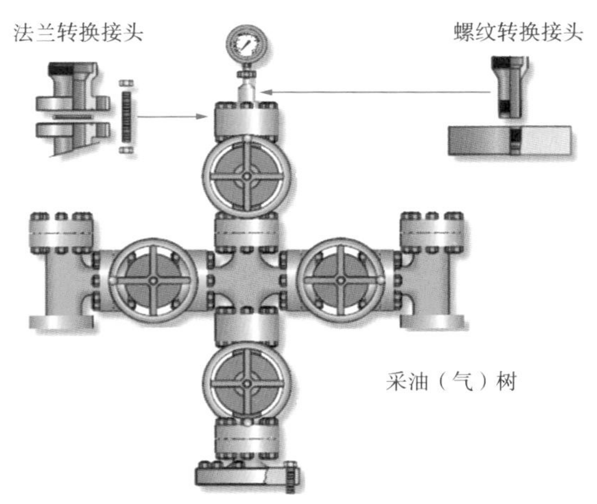

图 2-1-21　采油（气）井口装置结构示意图

第二节　辅助设备

1　注脂液压控制橇

注脂液压控制橇包括注脂泵、打气泵、密封脂存储罐、储能罐、注脂管线、回脂管线、各类液压管线及操作控制面板，整个系统安装在一个橇装框架上（图 2-2-1）。注脂泵是注脂密封的配套装置，用来向井口提供高压密封脂。

图 2-2-1　注脂液压控制橇

2　试压泵

试压泵在井口试压时向防喷装置内注入试井液，并提供一定的试验压力。试压橇能提供高达 150MPa 的试验压力（图 2-2-2）。

图 2-2-2　试压泵

第三章　测井防喷装置安装、使用及维护检测

测井防喷装置的正确安装是确保施工安全及防止井喷事故发生的关键点。本章主要讲述电缆作业防喷装置和钢丝作业防喷装置的安装、使用和日常维护保养。

第一节　测井防喷装置安装使用

测井防喷装置主要有电缆作业防喷装置和钢丝作业防喷装置两种，本节主要讲述电缆作业防喷装置和钢丝作业防喷装置的安装及使用。

1　电缆作业防喷装置安装和使用

本节中提到的防喷装置指与井口带压测井射孔作业配套使用的电缆防喷装置，其主要部件包括转换法兰、泵入短节、电缆封井器、防落器（下捕捉器）、快速试压短节、防喷管、抓卡器（上捕捉器）、电缆剪切器、注脂控制头、防喷盒、刮绳器、注脂控制系统等。

电缆作业防喷装置拥有各种尺寸规格和压力等级。尺寸规格通常指防喷管通径，常有 76mm、102mm、140mm、160mm 等。压力等级指电缆作业防喷装置的额定工作压力，通常有 35MPa、70MPa 和 105MPa 等。

1.1　安装前准备

测井防喷装置运往井场前，测井、射孔工程师应对以下事项进行确认:

（1）井口法兰型号、预计最高井口压力。

（2）井筒内径、防喷装置内径与仪器串外径是否匹配。

（3）防喷装置额定工作压力高于预计最高井口压力，确定所用的流管数量。

（4）当地环境温度、井口温度及相匹配的密封脂。

（5）电缆性能、外径及与其匹配的阻流管、封井器闸板、防喷盒橡

胶件等。

（6）井内流体类型及相配的密封圈。

（7）用户认可的防喷装置及电缆剪切方案。

（8）针对本次作业的安装、拆卸程序进行讨论和预演。

（9）风险评估及控制应包含整个施工过程的各个关键步骤和重要环节，如井口安装及拆卸、压力测试、危险品管理等。

1.2　防喷装置的安装

受不同井场环境的影响和限制，防喷装置的安装可以按不同的方法和步骤来完成。以下所述为最基本的防喷装置安装步骤：

（1）召开班前会。指定专人与司钻、吊车操作手协调，并负责指挥井口安装，此人需有明显的标志，如穿戴醒目的安全帽和工作服等；吊车和气动绞车、测井绞车的任何动作都必须在此人的指挥下进行。

注意：沟通和交流对确保防喷装置的顺利安装至关重要，很多在地面安装时发生的意外拉断事故都是由于不同的人或混乱的指挥造成的。安装过程中的任何步骤如有改变，在进行下一个步骤前都必须有详尽的计划。

（2）吊装防喷装置和密封脂等到指定位置，吊装作业必须使用经过认证的吊装设备，如钢丝绳等。

（3）安装电缆封井器。要求至少安装三级闸板，下面一级为剪切全封闸板，上面两级为半封闸板，注意闸板总成的安装方向应正确；电缆封井器闸板应与作业小队电缆匹配；将电缆封井器下端依次与泵入短节、转换法兰连接后，再与井口法兰对接；最后将泄压阀、压力表及注脂单向阀连接到电缆封井器上，关闭泄压阀门，连接封井器液压控制管线。

（4）安装防落器与快速试压短节。先清洁连接螺纹及密封面，安装O形密封圈并涂抹润滑油脂；将快速试压短节连接在防落器上方，吊至井口与电缆封井器上端连接；连接防落器、快速试压短节的液压控制管线；将防落器挡板置于关闭状态。

（5）安装注脂控制头、防喷盒及刮绳器。阻流管与电缆之间的间隙应控制在0.1~0.15mm之间；根据预计最高井口压力、流体性质、电缆尺寸和单根阻流管长度，确定阻流管数量；将电缆依次穿过刮绳器、防喷盒、注脂控制头、电缆剪切器、抓卡器；将电缆穿过防喷管，把注脂控制头下方抓卡器与防喷管连接。

（6）安装防喷管。清洁防喷管连接螺纹及密封面，安装O形密封圈并涂抹润滑油脂；依次连接防喷管后，安装提升夹板和钢丝绳。

（7）安装注脂控制系统。将气源管线与注脂控制系统连接，再把注脂控制系统的注脂、液压管线分别与对应受控部件连接。

（8）制作电缆头。根据作业井况设置电缆头弱点，制作好电缆头后检查电缆通断和绝缘情况，然后尽可能将电缆放在无泥沙的地方，并呈“8”字形摆放，预防电缆打扭形成扭结。

（9）在电缆头下端连接仪器串，并拉入防喷管串内，在防喷管末端连接两轮小车；先后安装防喷管夹板、钢丝绳、张力计和天滑轮，将防喷管串提升至井口附近或钻台平面，安装地滑轮并用绞车上提仪器串，然后拆卸两轮小车。指挥提升设备起吊防喷管串与快速试压短节连接。

1.3 防喷装置试压

1.3.1 基本要求

（1）仪器串下井前，必须按要求对防喷装置进行试压，确保电缆防喷装置各连接部位不发生压力泄漏。

（2）现场测试压力为预计井口压力的1.2倍，同时不能大于测井防喷装置及作业井口的最大工作压力。

（3）由于存在如下风险，测试液体注入速度和防喷装置的压力增加速度必须加以控制：

①超出防喷装置的最大工作压力（当使用大功率泵时，防喷装置内的狭小空间可以很快被注入以至于压力迅速增加）。

②压力快速增加有可能在流管和电缆间建立密封，即便未注入密封脂。这样就有可能压缩并同时加热残存空气，从而引起残存可燃液体自燃，导致电缆或仪器严重损坏。

③压力增加过快会在防喷装置中形成残余空气，残余空气在压力测试过程中被压缩会逐渐积蓄能量，这样就增加了压力测试失败或导致灾难性后果的可能性。

④事实表明，即便是仪器串处于被抓住状态，电缆仍有被损坏的可能。

这是因为压力快速增加会将电缆向上冲出几厘米，从而导致靠近打捞头的电缆弯折损坏。

（4）不能使用易燃液体、空气或天然气作为压力测试介质。

（5）施工小队负责人必须出现并参与从开始到结束的压力测试过程中。

1.3.2　试压操作步骤

（1）上起电缆让抓卡器抓获电缆头。电缆头进入抓卡器和释放过程是一项有风险的作业，完成抓卡和释放的过程必须指定专人指挥，并且在绞车工和防喷装置操作手之间保持良好的沟通。完成抓卡可使用以下两种技术：

①压放电缆技术。压放电缆的最好位置是在绞车和地滑轮之间一半的位置。如限于井场条件可在靠近地滑轮的地方进行电缆压放。操作手在压下电缆时通过手来感觉仪器串或射孔枪串是否到达防喷管顶部。压放电缆示意图如图 3–1–1 所示。

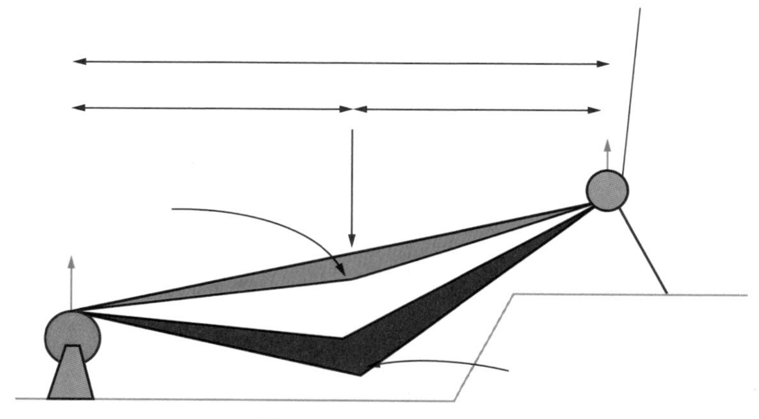

图 3–1–1　压放电缆示意图

②液压绞车低扭矩上起。将液压绞车的扭矩调节阀调至最低，然后缓慢增加扭矩，直至绞车刚好启动，保持低速上起并同时观察张力变化，当发现张力增加值达到 50kgf 时立即停止绞车。此时下放电缆，待张力恢复自然悬重时停车（若张力持续降低则表明抓卡器已经抓住电缆头）。

（2）启动空气泵为注脂控制系统供气，或直接启动液压注脂系统。

（3）检查确认电缆封井器三级闸板处于开启位置，试压管线连接可靠，试压管汇阀门开关状态正确。确认防喷盒处于开放状态，回流管线打开。

（4）通过试压设备向防喷管串内缓慢加压，当测试液体从防喷盒顶部喷出后，关闭防喷盒并保持回流管处于打开状态，确认空气被全部排出。

（5）向控制头注入密封脂，注脂压力应不低于防喷管串测试压力的1.2倍。

（6）打开防喷盒，在防喷装置额定工作压力范围内，缓慢提升试压压力至防喷管串测试压力值，观察15min以上，压力降应小于0.5MPa。若进行两次以上作业，后续试压可使用手动液压泵通过快速试压短节进行试压。

1.4 防喷装置的使用

（1）缓慢对防喷管串施加井口平衡压力，该压力与井口压力的差值最好控制在–3.5~3.5MPa。平衡井口压力过快，可能会导致如下后果：

①即便在仪器串被抓住的情况下,仪器串也有可能上窜而导致电缆损坏;

②防喷装置内的残余气体被快速压缩后，局部温度变化有可能导致意外拉断事故。

（2）防喷管串内施加平衡压力后，缓慢打开井口采油（气）树或封井器闸板。

（3）通过液压管线加压松开抓卡器弹爪，释放电缆头，然后缓慢下放电缆，确认电缆能正常下放后停车，将防落器置于“打开”位置。继续下放电缆，待仪器串全部通过防落器后，将防落器置于“关闭”位置。

（4）在电缆下放过程中，要时刻关注井口压力的变化情况。根据井口压力的变化，适时调节注脂压力，始终保持回流管排出物为密封脂。

（5）注脂泵工作所需气源压力应不低于0.8MPa。为保证井控安全，应配备两套独立的供气系统以备注脂系统正常工作所需气源。

（6）电缆起下速度除应遵守电缆输送作业有关规定外，还应根据井口压力大小和密封情况做适当调整。当防喷盒上端或回油管有来自井筒的气液泄漏时，应立即降低电缆起下速度，采取井控应急处置措施。

（7）使用合金不锈钢防硫电缆作业时，应遵循以下原则：

①最初5~10趟次下井时，速度应保持在1800~2700m/h之间；

②下放电缆时，减小的张力不宜超过静态张力的 20%；

③每隔 600m 应停车等待 30s，释放电缆外层钢丝扭力；

④当电缆从下放变为上提或绞车停止后突然启动时，电缆应缓慢运行，张力增量不宜超过静态张力的 20%；

⑤电缆运行过程中不应关闭防喷盒；

⑥井斜小于 30° 的井中使用 12~15 趟次后宜扭紧电缆钢丝；井斜大于 30° 的井中使用 6~10 趟次后宜扭紧电缆钢丝。

1.5　防喷装置的拆卸

1.5.1　泄压

（1）仪器串上起至距井口 100m 时，应降低电缆上提速度至 600m/h 以下，缓慢上提电缆。

（2）建议采用防落器开关手柄判定法，判定仪器串完全进入防落器上方后，停止绞车，关闭防落器挡板。

（3）关闭井口封井器或采油（气）树阀门，通过放喷管线或测试管汇泄掉防喷管串内压力。

（4）断开注脂泵气源，泄掉注脂管线内压力。

1.5.2　拆卸

（1）用吊车起吊防喷管串平放至专用支架上，拆卸仪器串或射孔枪串后，用绞车收回电缆。

（2）断开注脂控制系统与防喷盒、刮绳器、注脂控制头、抓卡器、电缆封井器等装置之间的液压管线及注脂管线连接，将注脂管线及液压管线回收到绕线盘上。

（3）依次拆卸防喷管、抓卡器、电缆剪切装置、注脂控制头、刮绳器及防喷盒。

（4）从井口依次拆卸快速试压短节、防落器、电缆封井器及转换法兰。

2　钢丝作业防喷装置安装和使用

钢丝或电缆带压作业时，防喷装备作为井下压力的缓冲区和仪器通过井口的过渡区，起到关键的作用，主要运用在自喷井或者压裂井等井口带压作业情形下，使用钢丝或电缆下井的工具串施工的测试工作，如高压物性取样、测流压、梯度、探液面等。钢丝作业防喷装置的主要组成部分包括防喷盒、注脂控制头、防喷管、防喷器、捕捉器、安全接头和注入短节等。

2.1 安装程序

（1）将密封油桶靠近井口放置，检查油位是否足够，并将气动柱塞泵插入油桶固定。

（2）检查高压防喷装置工作性能是否完好，并按设计要求清点地面辅助工具与下井工具，做好施工。

（3）安装井口变扣短节，双闸板防喷器及其液压控制软管，压力平衡软管，并连好手压泵。

（4）安装电缆指重传感器及地面滑轮，使得电缆在正常起下时，地滑轮电缆夹角应大于 90° 。

（5）安装电缆上座滑轮于大钩上，并使用大钩将防喷盒与注脂控制头吊起，在起吊之前应顺序将防喷盒与注脂控制头顶部液压密封控制软管，及密封油进出口高压软管连接好，另一端与控制手压泵、气动柱塞泵连接好，电缆或钢丝要嵌入上、下滑轮槽内。

（6）起吊注脂控制头底部距地面为 1 根防喷管高度，将防喷管竖起扶正，与悬挂着的注脂控制头连接。这样重复起吊连接，将所需防喷管连接完，并将防喷管底部起吊至防喷器高度位置。

（7）按设计要求顺序连接下井工具，并用滚筒缓慢回收已擦净尘土的电缆或钢丝，将下井管串吊起进入防喷管内，再将防喷管与防喷器连接好。

（8）注脂控制头、防喷管、防喷器及变扣短节连接时，要保持螺纹清净，并涂抹螺纹油，检查连接部位 O 形密封圈完好，所有液压管线都要理顺平直摆好，不要出现急弯或被重物、锐物压伤刺伤。

（9）所有设备连接完毕后，连接试压管线，对设备进行试压，试压应超过预计井口压力的 50%。

（10）检查空气压缩机油位。开启空气压缩机，当气压升至 0.4~0.5MPa 时，打开气包底部排水阀门，排出气包积水。待气压升至 0.6~0.8MPa 时，开启通往气动柱塞泵送气阀门。通过气动柱塞泵调节阀调节流通管密封油压。在正常工作中，井口压力低于 34.5MPa 时，气动柱塞泵油压高于井口压力 10% 即可达到密封。如果气动柱塞泵油压高于井口压力 6.9MPa 以上才勉强密封井口压力，说明注脂控制头中流通管或输油软管存在问题，施工结束后应全面拆卸维修检查。当施工井口压力为 0 时，也应低压泵入密封油以达到润滑电缆、减小磨损的目的。一般低压低油气比井的井口压力密封，气动柱塞泵平均每 30s 完成一次冲程。高压高油气比井的井口压力密封，每 5s 完成一次最大冲程。

（11）下井工具深度校核完后，使用手压泵将防喷盒顶部橡胶半封压紧封闭，以免顶部渗油或串气。测试期间若注脂控制头密封井口压力失控，可关闭双闸板防喷器，单闸板防喷器可密封 34.47MPa，双闸板防喷器可密封 68.95MPa。使用双闸板防喷器时，还应在两对滑块闸板间泵入密封油，油压应高于井口压力 0.67~2MPa。

（12）测试结束后，起电缆或钢丝之前应使防喷盒顶部橡胶半封控制手压泵泄压，停 1min 后胶块收缩再上提电缆。

（13）若使用了防喷器，可将均压管线或平衡阀打开，使防喷器闸板上、下压力平衡，再用手压泵液压驱动将闸板全部打开。

（14）下井工具起出到防喷管内后，关闭采油（气）树主阀门或清蜡阀门，开启防喷器均压管线放空阀门，泄掉压力，关闭气动柱塞泵。

（15）将防喷管与防喷器连接处拆开，依次卸下防喷管、流通管、防喷器及各种液压控制软管、气压软管。接头处分别拧好护丝与护帽，各类软管要分别盘好放于车上固定位置，各液压线路、控制手压泵分别装入电缆车两侧工具箱内。将流通管、防喷器分别装车于固定位置上。

2.2 设备的使用注意事项

2.2.1 高速流体井中测试

（1）尽可能不要关闭防喷器滑块闸板（在电缆上），否则因冲击力太强，工具突然上移，滑块闸板上、下电缆张力不同，电缆（闸板压紧处）将相对闸板产生位移，容易损坏电缆。

（2）必须在关井状态下下电缆。

（3）为减小冲击效应和波动，开井时必须非常缓慢。

2.2.2 在高油气比井中测试

（1）在高油气比井，流体与气体分段隔开占据油管空间（在长时期关井状态）。当操作人员开井时，气垫首先进入地面流通管路。这个初始气体流通高于正常生产范围，因为它由液体析出的气体阻塞流体造成小节流，油管柱底部的分离液将随着这个初始冲击流动，造成流体流速远高于正常情况，容易导致电缆工具上移。

（2）应非常缓慢地开关。

（3）起电缆之前应关井，使工具仪器进入油管，通过节流段，如果客观条件不容许，也应减小产量，保持流体流速低于 6.1m/s。

2.2.3 高压及 H_2S 环境下的测试

（1）测试在井口高压下工作，现场工作者必须经过良好的安全训练和具备相应的业务水平，否则不能单独顶岗。

（2）安装井口与初次开井应尽可能安排在白天进行。

（3）在现场，及时召开全体工作人员现场安全会议，重申所有操作步骤、可能出现的安全事故与应急措施。

（4）工作期间必须佩戴劳保用品（工鞋、安全帽、工作服、手套、防护眼镜）。攀登井架必须佩戴保险带。

（5）如有 H_2S 或怀疑其存在，应准备一定数量的正压呼吸器，并选好快速撤离路线。测井防喷器与测井防喷管卸扣时必须设置一名安全员观察井口情况，佩带四合一气体检测仪（H_2S 报警仪），以应付紧急情况。

（6）用链条固定所有流动管线。

（7）在侧风、逆风位置安置卡车或设备时，确保无人在顺风区。

（8）非工作生产人员不得靠近井口。

（9）距井口 50m 以内不得有明火，并备有灭火器具，如灭火器、防火砂等。

（10）不可在带压下紧固或拆卸工具。

第二节 测井防喷装置维护

1 总体要求

设备维护保养应遵循“保养为主，维修为辅”的原则。各专业化公司根据作业环境和工区情况，制定出相应的设备维护保养细则。但总体上应遵守以下规定。

（1）应根据使用情况对电缆防喷装置进行日常维护保养或定期维护保养，并做好记录。

（2）每井次使用后应进行一次日常维护保养。

（3）出现下列任何一种情况，应按定期维护保养项目对电缆防喷装置进行维护保养，定期维护保养后应进行功能测试：

①每半年或作业超过 10 口井；

②同一口井连续作业下井次数超过 20 次；

③在硫化氢含量超过 8% 的气井中使用后。

2　日常维护保养

（1）清除电缆防喷装置各部位的密封脂、尘土或从井内带出的残留液体。

（2）检查防喷装置各部件连接部位的密封面、螺纹，并涂抹润滑油脂。

（3）检查阻流管密封面，测量其内径，确认与电缆的配合间隙。

（4）清洁和检查注脂控制系统支架、注脂泵、空气压缩机、储气瓶、注脂管线及液压管线卷轴、液压油箱、密封脂油箱、发动机等。

（5）检查注脂控制系统面板压力表，紧固、清洗、润滑各阀门。

3　定期维护保养

（1）拆卸注脂控制头液压接头、阻流管壳体，取出阻流管，清洁、润滑各密封部位。

（2）拆卸抓卡器，取出蓄能器弹簧、释放器总成、活接头接箍，拆卸释放器总成并检查保养。

（3）拆卸防落器液压缸体总成、液压油缸固定座等部件，检查各部件，更换所有 O 形密封圈、垫圈。

（4）拆卸电缆剪切器，检查活塞、切割刀片等，更换所有密封件及受损部件。

（5）拆卸电缆封井器，检查液压缸、闸板和针型平衡阀总成，更换所有密封件，检查闸板表面及封井器内腔体表面应无划痕、损伤。

4 电缆防喷装置主要部件的维护保养

4.1 注脂控制头维护保养

（1）拆下刮绳器的骨架弹簧、活塞、橡胶密封圈、上下主体，逐一清洗，检查磨损情况，需更换的要更换。

（2）清洗、检查手压泵接头、注脂接头。

（3）拆下防喷盒、阻流管进行清洗，检查防喷盒的磨损情况，需更换的要更换。

（4）按控制头的组装顺序，涂抹黄油，逐一组装防喷盒、上下主体、橡胶密封圈、活塞、骨架弹簧、液压接头、注脂接头等，拧上护帽。

4.2 防喷管维护保养

对防喷管内外壁进行清洗，并检查密封面磨损情况，必要时更换，然后涂抹螺纹油，拧上护帽。

4.3 防落器维护保养

（1）清洗防落器内外管壁，检查密封面磨损情况以及接盘工作状态，每使用一井次必须检查橡胶密封圈。涂抹螺纹油，拧上护帽，放置到专有位置。

（2）维修时，首先卸掉手柄保护架螺栓，卸掉压盖螺钉，抽出转动轴，更换密封圈，清洗保养后重新装配。

4.4 电缆封井器维护保养

（1）每井次进行全面清洗、检查，及时更换损坏的零配件。机械阀门和液压阀门开关应灵活可靠。

（2）装配时要细心操作，不要使密封面部位刮伤，密封面上不应有脏物。

（3）闸板室内腔及闸板芯表面应涂抹润滑油防腐。

（4）每年进行一次检修。

（5）闸板密封胶芯的更换：闸板密封胶心是封井中的关键件，必须保证完好。

一旦发现密封面损伤应及时更换。更换闸板密封胶芯的步骤如下：

①用液压油将闸板打开到全开位置。

②卸掉固定插板的螺钉，将插板从主壳体与油缸接头之间取出。

④将油缸总成一起从主壳体中取出。

⑤将闸板总成由闸板座尾部从活塞轴端部提出。

⑥拧松闸板座上的两个螺钉，将闸板密封胶芯取出。

（6）油缸总成的修理、更换、安装的操作步骤按如下五步进行。

①液缸下面放置干净油盆，防止拆卸时油流到地面。将油缸盖与油缸之间的连接螺纹拧开，将油缸盖取出。

②液缸拆卸后，如发现液缸内表面纵向拉伤涂痕时，即使更换新的活塞密封圈也不能防止漏油，应换新的液缸。同时应检查活塞等相关部件，找出拉伤或点状伤痕，可用极细的砂纸和油石修正。

③拆卸活塞与闸板轴连接处时，应先卸掉限位杆，然后将闸板轴从活塞上取出。

④拧开主体侧堵与油缸之间的螺纹，即可分离主体侧堵与油缸。

⑤安装时依照拆卸的反顺序进行，但要注意检查零件有无毛刺或尖棱角，如有应去掉。安装的各零件应清洗干净，并检查是否完好无损。装入密封圈时要小心，不要刮伤或挤出，密封面应清洁，密封圈表面要涂抹密封圈油，相对密封面也要涂抹黄油，以利于装配。

（7）常见故障及处理方法见表 3–2–1。

表 3–2–1　常见故障及处理方法

序号	故障现象	产生原因	排除方法
1	井内介质从壳体与主体侧堵处流出	防喷器壳体与主体侧堵间密封圈损坏；防喷器壳体与主体侧堵面密封有脏物或损坏	更换损坏的密封圈，清除脏物，修复损坏面
2	液控系统正常，但闸板关不到位	闸板接触端有其他物质或砂子，钻井液块的积淤	清洗闸板
3	井内介质窜到油缸内，使油中含水气	活塞杆密封圈损坏，活塞杆变形或表面损伤	更换损伤的活塞杆密封圈，修复损伤的活塞杆
4	防喷器液动部分稳不住压	防喷器油缸，活塞杆密封圈损伤，活塞杆表面损伤	更换密封圈，修复密封面或更换新件
5	闸板关闭后封不住压	闸板密封胶心损坏，壳体闸板腔上部密封面损坏	更换闸板密封胶芯，修复密封面
6	控制油路正常，用液压打不开闸板	闸板被泥砂卡住	清除泥砂，加大控制压力

4.5 注脂控制系统维护保养

（1）清洗各种液压管线、注脂高压管线、接头、拖橇本体。

（2）紧固、润滑各接头。

（3）清洗检查各压力表。

（4）清洗、润滑各阀门，确保开关灵活有效。

（5）检查机油、柴油、液压油及密封脂是否足够、有效。

第三节 测井防喷装置检测

1 总体要求

测井防喷装置检测应由有检测资质的机构进行第三方检测，并开出具有企业、油田认可的或法律效力的检测报告。

2 检测周期

应定期由有资质的检测机构对防喷装置进行试压检测，检测周期最长不超过2年。

3 检测压力

井口装置室内压力测试应按额定工作压力检测。井口接头、法兰和螺纹连接所承受的压力不能超过接头最薄弱点的压力等级。

4 电缆防喷装置现场试压

4.1 试压意义

现场应对安装好的电缆防喷装置进行压力测试，有助于发现连接零件的磨损情况，以及各部件密封部位是否存在泄漏。当空气受到挤压时会有危险，其储存的动能会以很大的力来分解零件。在测试时，应将设备灌满水用以清除内部的残余空气，应在隔板或者墙壁后远离人群的地方进行。如果金属主体上存在瑕疵或连接螺纹不牢固，或螺纹发生磨损，测试时会发现泄漏的地方，还会使有瑕疵的钢铁断裂。

4.2 测试压力和稳压时间

测试压力通常为该井预计最大井口压力的 1.2 倍。压力测试通常最少持续 3min。释放所有压力后，重新进行压力测试最少持续 15min。确保所有部件在现场使用前进行测试合格。

4.3 试压介质

最常用的试压介质为水，寒冷地区使用专用试压液。

4.4 试压装置

生产厂家可提供气动试压台，适用于石油钻采工程使用防喷装置的防喷器组、节流管汇、套管头、管道件、阀件或其他承压件的液压承压试验。使用与设备参数相匹配的测试泵进行压力测试。可使用压力车和便携式试压泵进行测试。

5 各部件功能检测

5.1 注脂控制头

（1）将测试电缆穿过注脂控制头阻流管，在电缆末端做一电缆头。

（2）通过注脂控制系统向控制头注入密封脂，注脂压力为测试压力的 1.2 倍。

（3）通过试压接头向控制头加压 3.5MPa 后观察 3min，压降应不超过 0.5MPa；加压至额定工作压力后观察 15min，压降应不超过 0.5MPa。

（4）缓慢泄掉控制头内压力和注脂管压力。

5.2 抓卡器

（1）将电缆头插入抓卡器套爪，用手动液压泵施加额定液压压力，套爪应抓牢电缆头。

（2）使用手动液压泵施加额定液压压力，套爪应正常打开并释放电缆头。

（3）泄压回零时，蓄能弹簧应推动活塞和套爪回到原始位置。

5.3 快速试压短节

（1）连接手动液压泵到测试阀总成，同时打开测试阀总成中的两个针阀。

（2）加压到电缆防喷装置额定工作压力，关闭外部针型平衡阀后观察 5min，压降应不超过 0.5MPa。

（3）测试完成后打开外部针型平衡阀泄压，卸下手压泵，关闭内外两个针型平衡阀。

5.4 防落器

（1）手动检查其开关功能。

（2）连接液压管线至液压装置各压力注入端口，检查液动开关功能应正常，防落器挡板开关到位。

（3）缓慢泄掉液压管线内压力。

5.5 电缆剪切器

（1）连接液压管线至电缆剪切器液压注入接头，打开剪切刀具。

（2）放入适当长度的测试电缆，用约 14~32kgf 拉力从两端拉直电缆。

（3）施加液压压力剪切电缆，剪切后应检查剪切刀片无损坏。

（4）缓慢泄掉液压管线内压力。

5.6 电缆封井器

5.6.1 液压缸

对每一组缸体施加液压压力，分别打开和关闭闸板，观察指示杆的移动，检查活塞工作状态。

5.6.2 本体压力

（1）安装上、下专用试压帽，闸板和平衡阀处于“打开”位置。

（2）连接压力源到试压帽，加压到 3.5MPa 后观察 5min，压降应不超过 0.5MPa。

（3）泄压并重新加压到额定工作压力的 75%，断开压力源后观察 15min，压降不超过 0.5MPa。

（4）缓慢泄掉电缆封井器内压力。

5.6.3 半封闸板密封性能

（1）将专用试压棒放入两级半封闸板之间。

（2）关闭上、下两个针型平衡阀，施加液压压力到液压缸以关闭上、下闸板。

（3）通过上、下闸板之间的注入端口施加 3.5MPa 的工作压力后观察 5min，压降应不超过 0.5MPa。

（4）加压到额定工作压力的75%，断开压力源后观察15min，压降应不超过0.5MPa。

（5）缓慢泄掉电缆封井器两级闸板间压力。

（6）打开所有闸板，取出试压棒，关闭平衡阀，泄掉液压管线内压力。

5.6.4 注脂控制系统

（1）启动空气泵，并将气源接入注脂控制系统。

（2）将注脂管线、液压控制管线末端连接密封堵头，提升压力至系统额定压力后观察5min，压降应不超过0.5MPa。

（3）缓慢泄掉注脂管线内压力。

第四章　测井井控要求

为防止施工中诱发井喷及带压测井过程中防护措施不到位造成井喷，造成人员伤害及设备的损失，施工人员应分别严格按照常规电缆作业井控要求、带压电缆作业井控要求、钻（油）杆传输作业井控要求及连续油管传输作业井控要求进行施工。

第一节　常规电缆作业

常规电缆作业指在井口不带压条件下，使用电缆或钢丝绳输送井下测井仪器、射孔器材或井下工具的测井或射孔作业。

1　施工作业前的井控准备

（1）施工前应明确作业井的井型、井别、安全作业时间、施工目的及相关的地质资料数据，特别是地层压力大小、有毒有害气体的浓度、层位等，并告知全队职工。

（2）测井队与相关方要共同制定和落实测井作业时发生溢流的应急措施。

（3）准备硫化氢检测仪、正压呼吸器、井控工具、电缆剪切装置等。

（4）检查测井仪器仪表，保证测井施工顺利进行，缩短测井时间。

（5）与相关方协商统一指挥的信号、手势等联络方式。

2　施工作业过程中的防喷措施

施工中的防喷工作主要是预防诱发井喷。

（1）井口应该配备有全封闭井口的全封闸板防喷器或者环形防喷器，以保证井口处于受控状态。

（2）在起电缆过程中，要注意控制速度，避免诱喷。

（3）若测井时间超过安全作业时间，应停止测井，起出电缆，通知相关方通井。

（4）每完成一趟测井作业，测井队要督促钻井队向井筒灌满钻井液。

（5）电缆剪切装置应摆放在井口方便取用的位置，含硫高风险井应安装液压远程电缆剪切装置。

3 施工中溢流处理

（1）在施工过程中若发现溢流，立即报告现场井控第一责任方。

（2）接到起出电缆指令，快速起出电缆，交出井口。

（3）接到剪切电缆指令，在井口剪断电缆后迅速撤离。

（4）条件许可时将危险品、仪器设备抢运至安全地带。

（5）人员撤离到安全地带。

第二节 带压电缆作业

带压电缆作业指在井口带压条件下，使用电缆或钢丝绳输送井下测井仪器、射孔器材或井下工具的测井或射孔作业。

1 施工作业前的井控准备

1.1 作业井信息收集

带压电缆作业施工前，测井施工方除收集常规电缆作业所需的信息外，还须收集下述主要信息：

（1）井口法兰盘规格型号，用于正确选择相应的转换法兰；

（2）井架游车（作业机或吊车）最大提升高度，用于确定防喷管总长度，进而优化仪器串、射孔器材或入井工具的组合；

（3）井口压力及温度，用于确定防喷装置的型号及是否准备预防冰堵的材料等；

（4）井口硫化氢、二氧化碳等有毒或有害气体的浓度，用于选择相应“防腐等级”的防喷装置。

1.2 设备设施准备

1.2.1 电缆防喷装置

（1）电缆防喷装置的额定承压指标应不低于作业井井口最高关井压力的1.2倍。一般情况下，防喷装置生产厂商应提供装置的工作压力（WP），表示设备在操作过程中，工作压力不得超过该压力值。

（2）电缆防喷装置应通过具有认证资质的第三方检测，各部件功能测试正常。在一些作业区域，要求出示建设方认可的第三方检测报告。

（3）电缆防喷装置的“防腐等级”应满足作业井要求。在含硫化氢、二氧化碳的油气井作业时，宜使用抗腐蚀防喷装置。硫化氢浓度不超过2%（2×10^4mL/m^3）的环境下，可使用标准材料制造的防喷装置作业，但作业时间不应超过12小时。

（4）正确准备满足施工要求的防喷管串。带压电缆测井时，防喷管串的内径应大于测井仪器最大外径6mm；电缆带压射孔时，防喷管串的内径应大于射孔枪外径15mm。防喷管串的总长度应大于测井仪器串、射孔枪串总长度1m以上。

1.2.2 其他设备、器材和工具准备

（1）带压作业过程中，阻流管内径与电缆外径配合间隙很小，要求电缆应无断丝和明显变形。新启用的电缆应释放扭力，并注入密封脂。

（2）根据施工区域的环境温度，准备适宜的专用高压密封脂及预防冰堵的甲醇或乙二醇。

（3）密封件应在有效期内使用，无变形、刺伤和裂口。

（4）使用的吊装索具在检测有效期内，外观无损伤。

（5）若在硫化氢、二氧化碳等有毒或有害气体环境下作业，还需准备：

①有毒气体监测报警仪和正压式呼吸器。

②抗硫化氢腐蚀材料的密封件。

③采取防腐措施后的电缆、测井仪器、射孔器材和井下工具。

1.3 井场条件和相关方的准备

带压电缆作业需使用井口压力控制设备、吊装设备、高空作业设备等，需要建设方在施工作业前，提供满足带压电缆作业需要的施工环境和相应的设备、设施。

（1）井场条件除满足《石油电缆测井作业技术规范》(SY/T 5600—2016)的要求外，还需具备放置吊车、防喷管串、注脂系统（拖橇泵）和空气单元的位置。如果是欠平衡测井作业，还应满足：

①井架游车最大提升高度不小于 30m，气动提升设备完好，钻井平台小鼠洞深度应大于 15m。

②井筒内有钻井液时，井口压力宜控制在 5MPa 以下；井筒内为气体时，井口压力宜控制在 3MPa 以下。

（2）建设方应至少提供 1 台满足提升高度和吨位要求的提升设备，应在井口搭建操作平台或提供高空作业车。

（3）建设方应提供试压设备，其额定工作压力不低于作业井预计最大井口压力的 1.2 倍。

2　作业过程中的防喷措施

带压电缆作业过程中的防喷措施应以常规电缆作业为基础，其井控关键为井口压力控制。其实质是预防电缆防喷装置井口密封失效，避免造成井口压力失控，甚至诱发井喷。

2.1　优化电缆防喷装置的配置

电缆防喷装置是带压测井、射孔作业的关键设备，关系施工成败与井控安全。应充分考虑井况、建设方要求、作业内容、安装的难易程度和密封失效的可能性等多种因素，优化电缆防喷装置配置。电缆防喷装置关键部件配置要求如下：

（1）电缆封井器至少应配备一个电缆剪切全封闸板、两个电缆半封闸板。在一些特殊作业井，建设方有特殊要求的，还可配备四翼防喷器（BOP），包括三个半封闸板、一个剪切全封闸板。

（2）注脂控制头通常使用 6 节阻流管，高压情况下应使用 8~10 节阻流管。

（3）注脂控制系统通常应配备至少三个独立的注脂单元（注脂泵），保证注脂控制头及电缆封井器注脂需要。

2.2　功能测试

安装井口前应对关键装置或装置的关键部件进行功能测试，包括打气泵、注脂泵、电缆封井器闸板、捕集器、电缆剪切装置、抓卡器等，确保其工作正常。

2.3 阻流管的选择

阻流管的作用是平衡大部分井口压力。压力密封由黏稠的润滑脂维持，润滑脂通过泵进入电缆和流管之间的环形空隙内。对单根流管而言，从注脂管线注入的密封脂沿电缆与流管间的间隙挤入时，润滑脂向下通过流管下端口流出，而井口压力使润滑脂保持在电缆与流管间的间隙内，并向上通过流管上端口流出。因此，当向下流动的密封脂流到阻流管出口处时，应与井口压力基本平衡或略大于井口压力，从而阻止井口油气的外泄。

在实际施工中，少量的润滑脂在流管的两个端口有流失。当需要进行注脂操作时，应根据井口压力、密封情况和注入泵的输出输入比，适时调整注入泵的进气压力，保证密封效果。

2.3.1 阻流管内径的选择

阻流管必须与使用的电缆尺寸相匹配。一般而言，阻流管内径与电缆外径之间的间隙差为0.05~0.4mm，密封能力随着电缆与流管内径的间隙变小而提高，但需要一定的间隙来适应电缆外径的变化，并控制摩擦和耗损。

对于每种常规电缆尺寸，都可选择一种阻流管。例如：0.219in的新电缆需要内径为0.226in的流管，经过5~10趟次作业后，电缆会被拉伸，产生轻微磨损，此时可选用0.222in的流管。随着电缆使用寿命临近，外层铠装磨损严重变平，此时应选择0.219in的流管。

在实际工作中，选择阻流管时，应考虑电缆的实际通过直径。同一标称直径的电缆，因铠装层结构、不同的厂家、使用的新旧程度等因素影响，实际可通过直径并不相同。

电缆在钻井液井中作业，电缆铠装间的铁锈和钻井液中颗粒的不断堆积，使电缆发生膨胀现象。如果电缆没有进行密封脂注入处理就在钻井液环境下作业，应严格检查全部暴露在钻井液中的电缆外径。这也是新启用电缆需注入密封脂的原因之一。

电缆与阻流管间隙应控制在0.05~0.40mm之间。实际操作时，可根据电缆状态、井口压力做适当调整，原则是在不损伤电缆钢丝的同时又能保证井口密封。

2.3.2 阻流管长度（节数）的选择

阻流管控制的井下压力随流管长度的增加而增加。当井下压力过大或阻流管磨损间隙过大时，可增加阻流管长度（节数），以平衡井下压力。

在允许的情况下，阻流管数量多比数量少更加安全可靠。在气井中，须使用更多的流管，因为气体更容易冲破密封脂，并随气体扩散将其推出。如果阻流管的长度不够，密封脂的消耗会增加，甚至不能形成密封。

在实际工作中，应根据电缆尺寸和井口压力大小合理选取阻流管节数，对于5.6mm与8mm电缆，井口压力低于55MPa，可选用6节（2m）阻流管；井口压力高于55MPa，宜选用8~10节（2.8~3.5m）阻流管。

2.3.3 阻流管密封效果的影响因素

阻流管密封效果由五个主要因素决定：

（1）井口压力；

（2）阻流管与电缆的间隙；

（3）采用的阻流管数量（长度）；

（4）注入密封脂的黏度（受温度影响）；

（5）电缆起下速度。

2.4 井口试压

测井仪器或射孔器材等入井前，应对井口电缆防喷装置试压。试压时应将电缆头拉至防喷管顶部，以防电缆受损。试压压力为施工井预计最高井口压力的1.2倍，同时不得超过电缆防喷装置额定工作压力。要求稳压时间为15min，压力降应小于0.5MPa。

2.5 电缆头制作

制作电缆头时，应将电缆外层钢丝缠紧，防止钢丝受力不均，导致某一两根钢丝上留有的多余部分被逐渐挤入绞车端。

2.6 密封脂的选用

密封脂在带压电缆作业过程中有两个重要功能：一是可确保在注脂控制头内形成良好的高压密封；二是涂抹电缆，避免过度磨损，使其免受井液的腐蚀。

液体在流动时，在其分子间产生内摩擦的性质，称为液体的黏性。黏性的大小用黏度表示，单位为 mPa·s（运动黏度单位），是用来表征液体性质相关的阻力因子。黏度又分为动力黏度、运动黏度和条件黏度。

密封脂的黏度是衡量其流动性或者抵抗液体内固体活动的重要特性指标，黏性越强，抵抗力就越强，低黏度的物质比高黏度物质更易于流动。密封脂黏度过低，不能形成有效密封；黏度过高，密封脂软管压力下降过快，很难泵入足够的密封脂来补充电缆移动过程中从流管内带出的数量。

在实际工作中，密封脂的黏度会随温度增加而迅速下降，因此，应根据天气和季节选用不同的产品，多遵循生产厂家的建议或使用建设方指定产品。

密封脂属油脂类聚合物，最常用的是聚丁烯，也被称为蜂蜜油脂或蜂蜜油。聚丁烯为一系列产品的类名，由不同的化工厂家生产。一些厂商特别制造为电缆密封作业的产品，如多级聚丁烯密封脂、硫化氢抑制剂。

目前，市面常见有三种配方：

（1）多级聚丁烯 K，适用于寒冷条件下作业：–20~5℃。

（2）多级聚丁烯，适用于温和条件下作业：–2~20℃。

（3）多级聚丁烯 HP–HT，适用于温暖条件下作业：0~40℃。

使用时，不可将生物可降解的产品与油基油脂或其他生产厂家生产的油脂相混合，否则混合物会黏合和堵塞注脂及回流管线。

最理想的电缆密封应具有如下特征：

（1）在全天或全年的操作过程中，在温度和压力发生变化的情况下，密封脂仍应确保完好密封的形成。

（2）密封脂的黏度在所需温度范围内为 3000~30000mPa·s 不等。当黏度增加时，密封的性能也随之增强，但是也增加了泵输送油脂的难度。油脂的最佳黏度为 5000~18000mPa·s。

（3）在所处的温度下应发黏并成拉丝状态，成为一连串的薄膜，且不会飞溅出去。

（4）无毒，不可燃烧且具有化学惰性。

（5）不可溶于井液和乙二醇。

（6）对硫化氢和二氧化碳具有抑制特性，如需要可与硫化氢和二氧化碳抑制剂混合。

（7）颜色透明，对环境无害，在现场较容易清洗，并且可进行生物降解处理。

（8）成本低廉，较易获得。

2.7 空气单元配置

空气单元专门为气动注脂控制系统提供气源。为保证井控安全，应配备两套独立的供气系统以备注脂系统正常工作，提供所需气源。对于液压驱动的注脂控制系统，通常应配备气源驱动泵和气源接口。

2.8 电缆起下速度控制

带压电缆作业时，电缆起下速度除应遵守电缆输送作业有关规定外，还应根据井口压力大小和密封情况做适当调整。当防喷盒上端或回油管有气液泄漏时，应立即降低电缆起下速度，采取井控应急处置措施。

2.9 防硫电缆（合金不锈钢电缆）的正确使用

在井内含硫化氢和二氧化碳等腐蚀性流体时，应使用合金不锈钢电缆。常见的合金不锈钢电缆有S75、S77、MP-35N三种型号。合金不锈钢电缆不会生锈，内外钢丝层间不能产生足够的摩擦力将两层钢丝“锁”在一起。这意味着合金不锈钢电缆永远都像一盘新电缆。在张力作用下，内层钢丝略微嵌入绝缘层，几乎不旋转，而外层钢丝一直可以任意旋转。如果有足够的扭力作用于外层钢丝上，即使内层钢丝不能自主旋转，内层钢丝也会因为外力作用而旋转。基于合金不锈钢电缆的这种特性，使用时宜遵守以下规则：

（1）最初5~10趟次下井时，应保持在相对较低的下井速度：1800~2700m/h。

（2）当电缆下井时，减小的张力不能超过正常张力的20%。例如：若电缆静态张力为1000kgf，在电缆下放时应该控制速度，保持张力在800kgf以上。

（3）每隔600m应停止绞车，等待30s，或者缓慢上提仪器30~60m，使仪器在井下自然旋转，释放掉电缆外层钢丝的扭力。

（4）当电缆从下放变为上提或绞车在停止后突然启动时，速度一定要缓慢，张力增长不应超过静态张力的20%。例如：若静态张力为1000kgf，在上提电缆时应限制速度，保证此时张力不超过1200kgf。

（5）电缆在运动时不宜启动防喷盒。

实际操作中，最需要关注的要素是电缆张力，而电缆张力和电缆运行速度直接相关。表 4-2-1 列出了电缆运行速度与井深的关系。

表 4-2-1　电缆运行速度与井深的关系

深度	普通电缆	合金不锈钢电缆
0~30m	9m/min	9m/min
30~60m	19.8m/min	19.8m/min
60m 至井底	67/133 规则	30m/min

注：（1）普通电缆使用的 67/133 规则：下放仪器时，在任一深度，电缆张力不能小于“电缆自重 + 仪器重量”的 67%；上提仪器时，在任一深度，电缆张力不能超过“电缆自重 + 仪器重量”的 133%（已考虑摩擦力）。

（2）合金不锈钢电缆使用的 80/120 规则：当仪器下放时，电缆张力不能小于“电缆重量 + 仪器重量”的 80%；当仪器上提时，电缆张力不能超过“电缆重量 + 仪器重量”的 120%（已考虑摩擦力）。

此外，施工过程中应防止电缆跳丝。电缆在下放时会释放扭力，外层钢丝可能出现跳丝并沿电缆上移，甚至可能通过流管。一旦发生跳丝，该钢丝高于其他钢丝，如不能及时发现，高出的部分可能会被削掉或使电缆遇卡。常见的电缆跳丝有两种情况：

（1）在制作电缆头时，电缆外层钢丝有可能因受力不均出现问题。在某一两根钢丝上留出的多余长度会被逐渐挤入绞车端电缆上，可能发生更严重的问题。

（2）钢丝在流管低压端跳丝，马龙头处在高压端，在张力较低的情况下，跳出的钢丝可顺着电缆向上长距离移动，直到断裂为止。在当次施工中不一定会断裂，在下一次施工时就很有可能断裂。跳丝现象在合金不锈钢电缆中很常见，也在普通电缆上发生过。

电缆扭紧在施工同样非常重要。合金不锈钢电缆在打紧前可用的下井次数取决于井况和使用方法。在井斜小于 30° 的井，合金不锈钢电缆一般在 12~15 趟次后扭紧；在井斜大于 30° 的井，合金不锈钢电缆一般在 6~10 趟次后扭紧。

合金不锈钢电缆在第一次使用时特别容易松散，建议在第一次使用后进行检查。经过数趟次下井后，电缆会逐渐稳定，可根据情况减少扭紧维护的频率。在检查电缆外层钢丝是否松动时，需要靠近仔细观察，一旦发现电缆出现松动，马上停止使用并扭紧。

2.10 预防冰堵

井口结冰是在一定的压力和温度条件下，天然气与水蒸气混合而形成的水合物。这些水化合物通常会以雪状或结冰的形态出现。一般情况下会形成在阀门、流体管线甚至地面以下 300m 内的油管中，结果就是堵塞仪器移动和流体流动，更严重的是堵塞电缆封井器甚至影响对电缆封井器的正常操作，使其关闭失效或导致仪器遇卡。碳氢水化合物可能在 122°F 以上形成。一般情况下，气体压力越大，温度越高，则越可能形成碳氢水化合物，除非在一些不能形成结冰的临界温度以上的条件下。在不考虑压力的前提下，压力测试后开井在防喷管中容易形成碳氢水化合物。

在寒冷天气或冬季条件下，必须不断地往地面压力设备中泵入甲醇或乙二醇，否则，天然气的泄漏很容易在管道中结冰。

预防碳氢水化合物形成堵塞的措施有以下几点。

（1）在作业过程中保持良好的密封。

（2）由于碳氢水化合物通常是在水和天然气同时存在的条件下形成的，在现场通常用水密封来进行压力测试，这会加剧碳氢水化合物的形成。因此，将甲醇（或乙二醇）和水以 50:50 的比例混合后用以压力测试是预防碳氢水化合物形成的方法之一。现场压力测试时应注意：

①现场压力测试结束后，开井时动作一定要慢。尤其是在压力平衡后，如果水在开井之前未被排放干净，流体的流动和泄漏就会诱导碳氢水化合物的形成。

②柴油、煤油、液氮等不能用于压力测试。

（3）天然气与甲醇混合后能降低碳氢水化合物形成时的温度。例如，加入甲醇后的天然气形成碳氢水化合物的温度可从 42°F 左右降低到 25°F 左右。因此，在仪器捕捉器以下注入甲醇可以溶化已形成冰状碳氢水化合物。然而，乙二醇则不具备和甲醇相同的功能。因甲醇在防喷装置中存在较长时间会影响 O 形密封圈的密封性能，所以使用过甲醇的防喷装置在作业结束后必须进行彻底的保养维护。如果在注入甲醇的过程中电缆处于静止状态，那么此段电缆中钢丝间的油脂就有可能被溶化剥落，从而导致电缆通过流管时密封失效，所以此段电缆应以不高于 600m/h

的速度通过流管，并且密封脂注入压力应增加到1.5倍井口压力。注入甲醇是溶化冰状碳氢水化合物的最好方法。然而，与乙二醇相比，甲醇具有易燃、有毒和腐蚀性等特点，因此，注入甲醇时应该使用专用的甲醇泵。

（4）施工过程中遇到井口结冰或冰堵时，可以通过采用蒸汽车给井口加热的方式来化解冰堵。

此外，施工作业中发生冰堵，在安全条件下，等待温度升高再进行作业也是化解冰堵的方法之一。目前，一些厂商采用给电缆防喷装置配置加热或供暖装置解决冰堵。

2.11 硫化氢环境下的设备防护

硫化氢环境下进行带压电缆作业，宜使用抗硫化氢设备。使用抗腐蚀薄膜也是非抗硫化氢压力控制设备在硫化氢环境下作业的方法之一。

抵御低浓度硫化氢腐蚀最有效办法就是抗腐蚀薄膜镀层。抗腐蚀薄膜镀层在金属表面产生一层保护性的薄膜阻止硫化氢接触、腐蚀金属。借此，就能减少甚至杜绝自由氢原子的产生，防止发生脆化现象。当硫化氢浓度低于2%的情况下，单独使用抗腐蚀剂可在短时间内为设备运行提供充足的保护。

油溶性抗腐蚀剂可与柴油或密封脂混合。可使用抗腐蚀密封脂或密封脂的混合物，务必保持混合物保持适当的黏度。

在实际工作中，防喷管、电缆封井器及井口法兰安装前，用一等份抗腐蚀剂与四等份柴油的混合物，涂抹设备内表面（下井仪器、电缆、射孔器材的防护也可参照）。对防喷管进行防护的最好办法是将整根防喷管沉浸到装满混合物的液槽里，然后将防喷管晾干。对防喷器进行防腐处理时，要确保闸板处于全开的位置，并清洗防喷器外表面。不要清洗防喷器的内表面，这会破坏内部的抗腐蚀镀层。当然，该方法是建立在建设方允许使用抗腐蚀剂与柴油的混合物的条件下。

当非抗硫化氢压力控制设备在硫化氢环境下进行了有限时间的作业，即便使用了抗腐蚀薄膜，也会有部分氢原子气侵入钢结构。作业完成后，为避免更多氢气侵入，必须花费时间来分散或排出侵入的氢气，即该设备须停止工作2~3天。高温会加快修复时间，低温则会延缓修复时间。

2.12　井口防喷器阀门开关顺序

2.12.1　测井仪器下井时阀门开启顺序

（1）确认电缆封井器处于开启状态。

（2）电缆防喷装置施加平衡压力后，缓慢打开封井器阀门，直到完全打开。

（3）打开防落器。

2.12.2　测井仪器进入防落器后阀门关闭顺序

（1）关闭防落器。

（2）关闭全封防喷器。

2.13　仪器进入防喷管的判定方法

2.13.1　仪器防落器开关手柄判定法

当仪器串顶部通过仪器防落器时，观察到防落器开关手柄移向打开位置，表明马龙头（电缆头）正通过防落器。当仪器串底部通过防落器后，开关手柄自动恢复到关闭位置，可确定仪器串已完全进入防喷管。

2.13.2　自然伽马仪测量判定法

上提仪器串，操作员观察到自然伽马曲线出现高峰值，表明自然伽马仪正处在自然伽马刻度器位置，记录此深度。当上提高度大于自然伽马仪记录点至仪器串底部距离，则可判定仪器串已全部进入防喷管内。该方法适用于有自然伽马仪的仪器串。

2.13.3　放射性射线探测判定法

当井口人员监听到射线报警声音后，判断仪器已进入防喷管。该方法适用于带放射性源作业。

2.13.4　深度系统指示判定法

操作员、绞车工直接观察深度系统指示的深度，判断仪器已进入防喷管。

2.13.5　张力判定法

绞车缓慢上提仪器，若地面、井下张力计的张力从逐渐减小突然变为增加，表明仪器串已提升至防喷管顶部遇阻，绞车应立即停车，再适当下放电缆一定长度，则可判定仪器串是否完全进入防喷管。绞车岗操作工缓慢下放仪器，遇阻，表明仪器串底部搁置在防落器上，也说明仪器全部在防落器之上。

3 施工中压力泄漏原因与处置

3.1 注脂控制头密封失效原因

注脂控制头密封失效指液体或气体从防喷盒顶部喷出，回流管线由于压力快速释放而剧烈抖动。

3.1.1 注脂泵原因

（1）从密封脂泵到注脂管串的密封脂通道被堵塞或不畅通。

（2）密封脂泵工作不正常，冲数不够，即密封脂泵泵出量不够。

（3）密封脂箱里无密封脂。

（4）空压机输出压力不够（不能低于110psi）

（5）空压机供气管线中太潮湿，含水太多。

3.1.2 密封脂质量原因

（1）密封脂箱里密封脂被污染变质。

（2）密封脂质量品质：密封脂黏度太低，或黏度太高以至于泵入困难。在井场正常温度条件下，密封脂黏度应该在10000mPa·s左右。

3.1.3 电缆原因

（1）电缆太新（对于高压气井，这一点特别重要）。

（2）电缆速度过快。

（3）电缆钢丝断裂。

（4）保养电缆后，电缆钢丝未被妥善缠绕回位。

（5）不清楚电缆外径从而导致使用了不正确的流管尺寸。

3.1.4 注脂管线和阻流管原因

（1）单向阀失效。

（2）电缆和流管间的间隙过大。

（3）阻流管连接不好。

（4）注脂管线过细，长度太长。

（5）阻流管数量（长度）不够。

3.2 注脂控制头密封失效处置

带压电缆作业过程中出现密封失败时，应先对可能存在的风险进行评估，然后决定是否采取尽快起出电缆和井下设备后，再来解决密封失效问题，还是采取其他处理措施。通常采用下述方法处理密封失效问题：

（1）增大密封脂泵入压力，降低绞车起、下电缆速度或停下绞车。处置无效时，依次关闭密封脂回流管线及防喷盒。

（2）检查注脂泵、空气压缩机，检查气源压力和密封脂量，排除相应故障。

（3）若密封正常后，依次打开防喷盒及密封脂回流管线，恢复正常作业。

（4）若仍不能实现有效密封，用液压依次关闭电缆封井器上级、下级半封闸板，并手动锁紧；向两级闸板间以井口压力的1.2倍压力注入密封脂。

（5）如果控制头密封成功，缓慢打开两级半封闸板平衡井内压力，恢复正常作业。

（6）若还未成功，释放注脂控制设备压力，检查注脂单向阀、注脂管线、电缆等，排除相应故障。

（7）上述方法处置无效时，应根据现场情况采取其他应急处置措施。

3.3 其他部位压力泄漏处置

当发生电缆防喷管破裂、BOP刺漏等情况时，按以下原则处置。

（1）立即报告现场井控第一责任方。

（2）接到起出电缆指令，快速起出电缆，关井。

（3）接到剪切电缆指令，剪断电缆后迅速撤离。

（4）条件许可时将危险品、仪器设备抢运至安全地带。

（5）人员撤离到安全地带。

第三节 钻（油）杆传输作业

钻（油）杆传输作业指在井口不带压条件下，使用钻（油）杆输送井下测井仪器、射孔器材或井下工具的测井或射孔作业。

1 施工作业前的井控准备

（1）小队应准备好便携式硫化氢检测仪，并确认电量充足，刻度在有效期内，状态良好。

（2）小队应准备好正压呼吸器，并确认气压充足，状态良好。
（3）确认电缆与母枪的弱点、水平井工具泵下枪拉脱弹簧装置完好。
（4）计算仪器传输至最大深度处，电缆夹弱点螺纹的合理数量。
（5）检查旁通电缆密封组件完好。
（6）提交入井仪器串图、水平井工具、旁通结构图。

2 施工作业过程中的防喷措施

（1）合理加载扶正器数量和对应尺寸，注意钻具的起下放速度，防止对地层造成抽汲。

（2）湿接头对接前，任何时候循环钻井液都要使用钻井液滤网，防止钻井液中的块状物、絮状物进入钻具内，造成沉淀积压在水平井工具钻井液循环口处。

（3）对接过程中，如果需要进行反循环，应尽量减少循环时间，防止钻具外的岩石碎屑进入水平井工具内，堵塞钻井液循环口。

3 施工中溢流处理

（1）立即报告现场井控第一责任方。
（2）快速关闭仪器电源，起出电缆。
（3）条件许可时将危险品、仪器设备抢运至安全地带。
（4）人员撤离到安全地带。

第四节 连续油管传输作业

1 施工作业前的井控准备

（1）根据井身结构（曲率、井眼状况）计算最大安全测井施工长度。

（2）根据地层及井口压力对测井系统作业的安全进行评估，不应超过连续油管的额定压力。

（3）为平衡管内、管外压力，连续油管入井前，将水管接头连接到滚筒中部三通，泵入足量水，使得连续油管充满水，直至水从井下工具单向阀处流出，即可判断其充满。拆下水管接头，在三通处拧入高压堵头。

（4）连续油管入井前按操作规程进行防喷器和防喷盒额定压力测试，检查胶心是否完整。

（5）井口带压作业情况下，需装载连续油管配套防喷管，配合套管头防喷器连接仪器。

2 施工作业过程中的防喷措施

（1）以适当的速度下入连续油管，计算连续油管的入井体积，对比井内钻井液返出量，判断井内是否发生溢流。

（2）经过油气层段，需降低上提速度，防止对油气造成抽吸、诱喷。

3 溢流处理

（1）立即报告现场井控第一责任方。

（2）启动防喷盒，关闭连续油管防喷器卡瓦闸板，再关闭连续油管半封闸板，控制井口。

（3）快速关闭仪器电源。

（4）条件许可时将危险品、仪器设备抢运至安全地带。

（5）人员撤离到安全地带。

第五章　桥塞—射孔联作技术

桥塞—射孔联作技术指一次性将桥塞及射孔工具串输送至目的层段，并依次完成桥塞坐封和多簇射孔作业、为储层分段压裂创造条件的地层改造技术，简称桥射联作技术。桥射联作技术现已成为国内外非常规油气开采广泛应用的主体完井技术，具有裂缝布放位置精准、多级分段压裂、压裂后形成复杂网络裂缝、能够有效增加产层改造体积从而获得更高单井产量的优点，主要包括桥射联作设备和桥射联作工艺两大技术。

第一节　插拔式井口快速连接装置

桥射联作技术实施过程中，其桥塞及射孔工具串的输送方式有电缆泵送、爬行器拖动、连续油管传输等方式，但绝大部分为电缆泵送。应用电缆泵送桥射联作技术时，测井方提供的设备主要有测井仪器车、电缆防喷装置、桥塞、射孔工具串及插拔式井口快速连接装置等。其中，测井仪器车、桥塞及射孔工具串为常规测井射孔作业设备；与测井井控密切相关的主要有电缆防喷装置和插拔式井口快速连接装置。

1　概述

近年来，桥射联作技术已广泛应用于页岩油气、致密油气、煤层气等非常规油气井的开采作业，在丛式井的桥射联作现场，为了提高施工时效和作业安全，引进了井口防喷管串的快速换接技术，即插拔式井口快速连接装置。该装置包括井口快速连接单元和液压控制单元两部分（图 5–1–1），与电缆防喷装置配套使用后可以实现上部防喷管串与井口固定安装设备的快速分离与连接，同时还具备快速测试和压力监测功能，其主要技术参数有通径、额定工作压力和液控压力等。

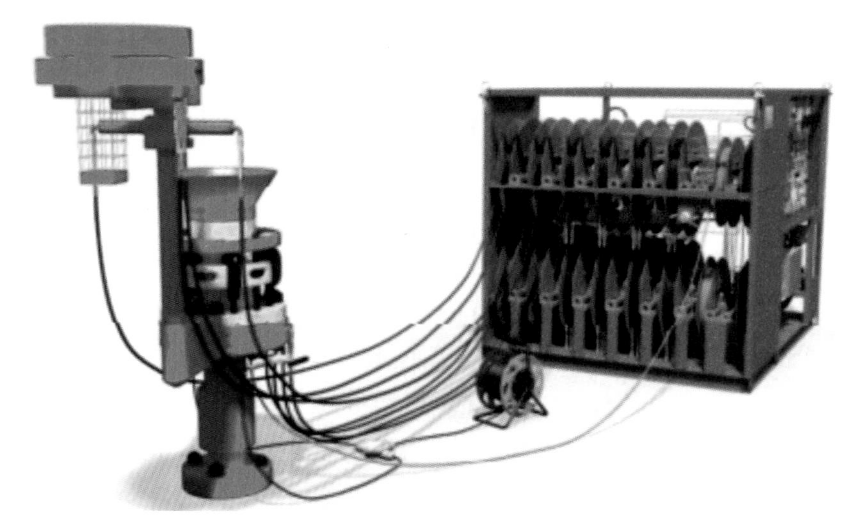

图 5-1-1　插拔式井口快速连接装置

2　井口快速连接单元

井口快速连接单元（图 5-1-2）主要由上主体、下主体、上接头、下接头、芯轴、锁紧环、压紧块、油缸、活塞等组成；现场使用时上接头上端与防喷管连接、下端与芯轴连接，下接头上端与芯轴连接、下端与捕集器连接。其工作原理如下。

（1）防喷管串拆卸：先锁紧环升进油、锁紧环下降回油，锁紧活塞上移；压紧块打开进油、压紧块关闭回油，压紧块张开；最后，吊装作业、拆卸防喷管串。

（2）防喷管串连接：先确认锁紧活塞上移到位、压紧块完全张开，将防喷管串吊装到井口、对接到位；压紧块关闭进油、压紧块打开回油，压紧上接头；最后，锁紧环下降进油、锁紧环上升回油，锁紧活塞下移，锁紧上下主体，完成防喷管串连接。

（3）快速测试：防喷管串连接好后，通过手压泵、液压管线等从快速测试口加注液压油，检查上接头与芯轴连接部位的密封性能，与电缆防喷装置中的快速测试短节具有相同功能。

（4）井口压力监测：将压力传感器安装在下接头的检测口，可对井口的压力进行实时监测。

44	KZ120-105-09	内套	2
43	NPT1/4F	快速母接头	2
42	NPT1/4	双外弯头	4
41	SGJTNPT1/4	NPT1/4双公接头	4
40	NPT1/4M	快速公接头	2
40	M39	防松垫片	16
38	GB/T 77-2007	内六角平端紧定螺钉	30
37	M39×3	螺母-B7	16
36	M39×3-365	双头螺柱	8
35	GB/T 77-2007	内六角平端紧定螺钉	12
34	YRJT102-105-01A	活接头 I	1
33	YRJT120-105-02A	活接头 II	1
32	TFPG120-105A-03	支撑螺钉	2
31	KZ120-105-19	下接头	1
30	KZ120-105-20	下接头垫圈	1
29	NPT1/4	内六方丝堵	10
28	KZ120-105-17	油缸	8
27	FQ 2-222	O形密封圈 37.69×3.53	16
26	FQ 2-224	O形密封圈 44.04×3.53	8
25	FQ 2-213	O形密封圈 23.39×3.53	32
24	KZ120-105-16	压紧活塞	6
23	KZ120-105-15	连接支架	6
22	KZ120-105-14	连接支架销轴	6
21	KZ120-105-13	连接杆	6
20	KZ120-105-12	压紧块销轴	6
19	KZ120-105-11	压紧块	6
38	3/16	压注式油杯	18
17	KZ120-105-10	连接杆销轴	6
16	GB/T 70.1-2008	内六角圈柱头螺钉M10X1.25-25	4
15	NPT1/8	内六方丝堵	4
14	KZ120-105-08	外套	2
13	KZ120-105-07	下主体	1
12	FQ 2-359	O形密封圈 145.42×5.33	4
11	FQ 8-358	挡圈 143.33×4.65×1.52	5
10	KZ120-105-06	芯轴	1
9	KZ120-105-05	锁紧活塞	2
8	FQ 2-360	O形密封圈 148.59×5.33	1
7	FQ 8-359	挡圈 146.76×4.65×1.52	1
6	FQ 2-377	O形密封圈 253.37×5.33	1
5	KZ120-105-04	锁紧环	1
4	GB/T 41-2016	六角螺母M16	2
3	KZ120-105-03	上主体	1
2	KZ120-105-02	导向套	1
1	KZ120-105-01	上接头	1
序号	零件号	名称	数量

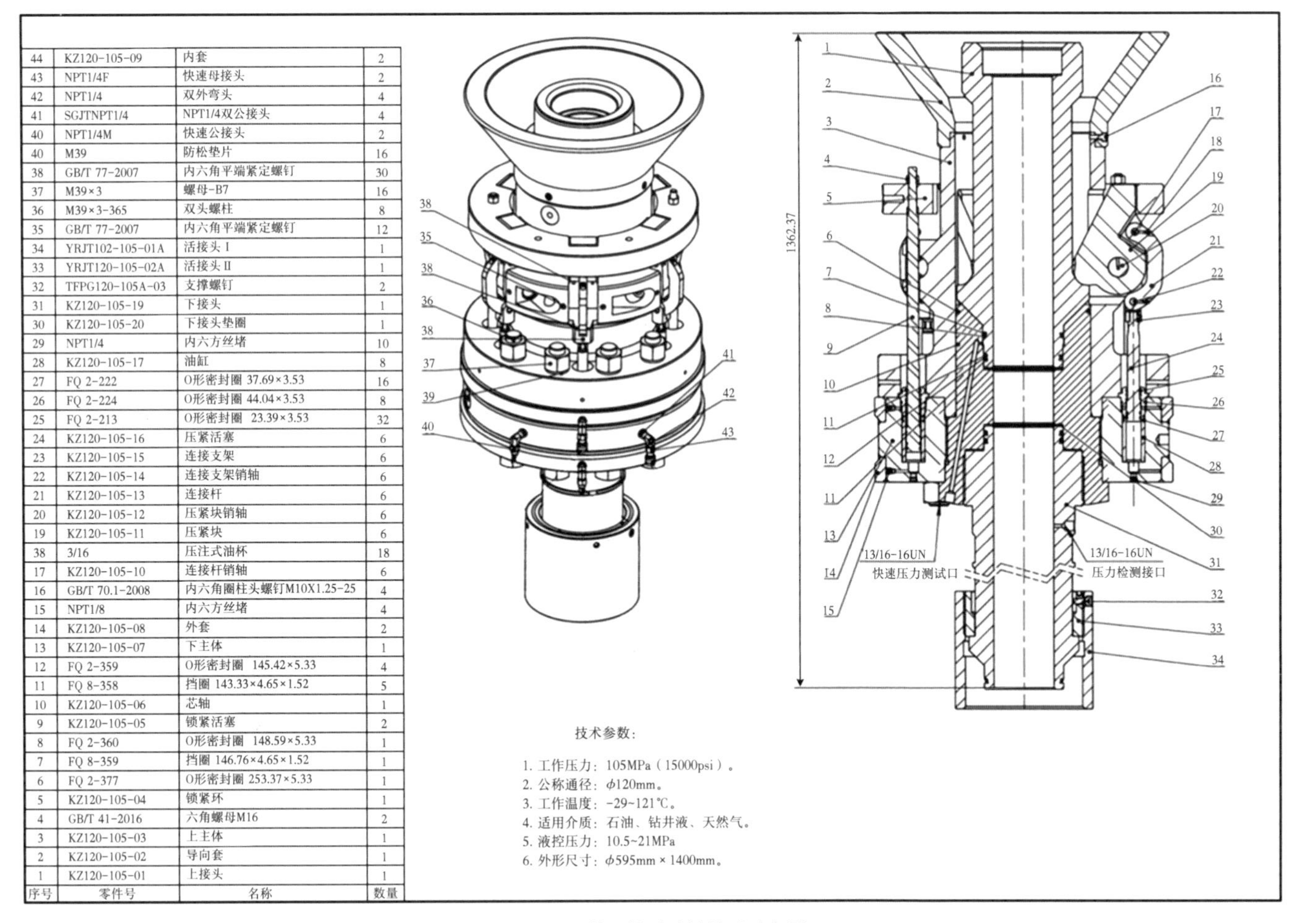

技术参数：

1. 工作压力：105MPa（15000psi）。
2. 公称通径：ϕ120mm。
3. 工作温度：-29~121℃。
4. 适用介质：石油、钻井液、天然气。
5. 液控压力：10.5~21MPa
6. 外形尺寸：ϕ595mm × 1400mm。

图5-1-2 井口快速连接单元示意图

3　液压控制单元

液压控制单元（图 5-1-3）包括液压控制和安全监测两大系统，前者用于控制井口快速连接单元的动作时序，后者用于对井口压力、锁紧环的位置等进行监测，提高了插拔式井口快速连接装置整体安全性能。

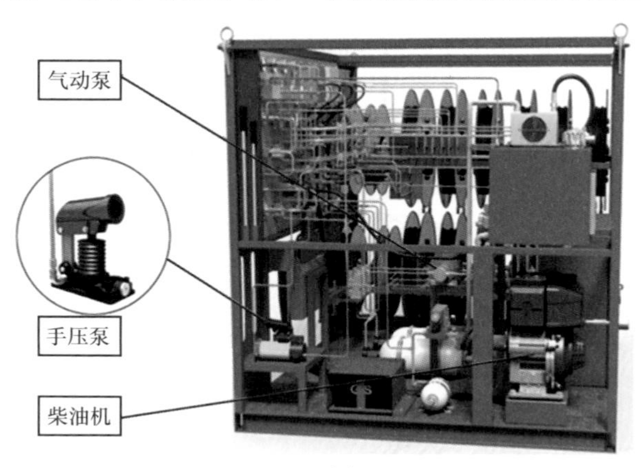

（a）侧面

（b）正面

图 5-1-3　液压控制单元

液压控制单元的操作面板集井口快速连接单元的压力调节、功能控制于一体。面板上每个阀的功能开关位置或方向均有标识；面板分为四种底色，白色区域为各井口公共操作区域，红色、黄色、蓝色对应控制三套安装在不同井口的快速连接单元。

4 插拔式井口快速连接装置的使用

4.1 准备

对插拔式井口快速连接装置进行外观检查和功能测试，正常后方可应用于桥射联作作业。

4.2 井口快速连接单元的安装

（1）连接锁紧环和压紧块的控制管线，升起锁紧环、打开压紧块，将上接头吊出并与防喷管连接。

（2）将上密封测试堵头与井口快速连接单元对接，关闭压紧块、降下锁紧环，停泵、泄压，拆除液控管线。

（3）将快速连接单元吊至井口与捕集器连接，连接液压控制管线、压力测试管线、传感器等，升起锁紧环、打开压紧块、吊出密封测试堵头。

（4）将（1）所述的防喷管串与井口快速连接单元对接，关闭压紧块、降下锁紧环，整体试压合格后即可进入桥射联作程序。

4.3 启动液压控制单元

（1）启动前确认各阀门在正确位置——所有泄压阀处于关闭状态、所有压紧块控制处于关（压紧）状态、所有锁紧环处于下降（锁紧）状态、调压阀全部处于左旋到底（低压力）状态、高压测试控制阀处于关闭状态、高压手动泵泄压阀处于关闭状态、油箱出油截止阀处于打开状态。

（2）启动柴油发动机，怠速 3~5min。

（3）将液压泵控制阀由“卸载”位置旋向“加载”位置，即可通过面板调压阀对液压泵的输出压力进调节，其压力通常控制在 10.5~21MPa 之间。

（4）液压泵向蓄能器满量充压，并保持蓄能器处于打开状态。

（5）按需改变操作面板上阀门的位置状态，实现对井口快速连接单元的控制。

（6）关闭发动机：先将液压泵控制阀转向“卸载”位置，发动机油门怠速运行 3~5min 后再关闭。

注意：液压控制单元设计了两种动力源，即柴油发动机和压缩空气。柴油发动机是常用动力源，可直接带动液压泵；压缩空气是备用动力源，当柴油机故障时可切换使用气驱液压泵。两者的主要区别是液压泵的调压方式的不同，气驱泵通过调节面板空气调压阀即可实现液压系统的压力调节。

4.4 井口安全监测

井口安全监测是液压控制单元的两大功能之一，其原理见图 5-1-4。

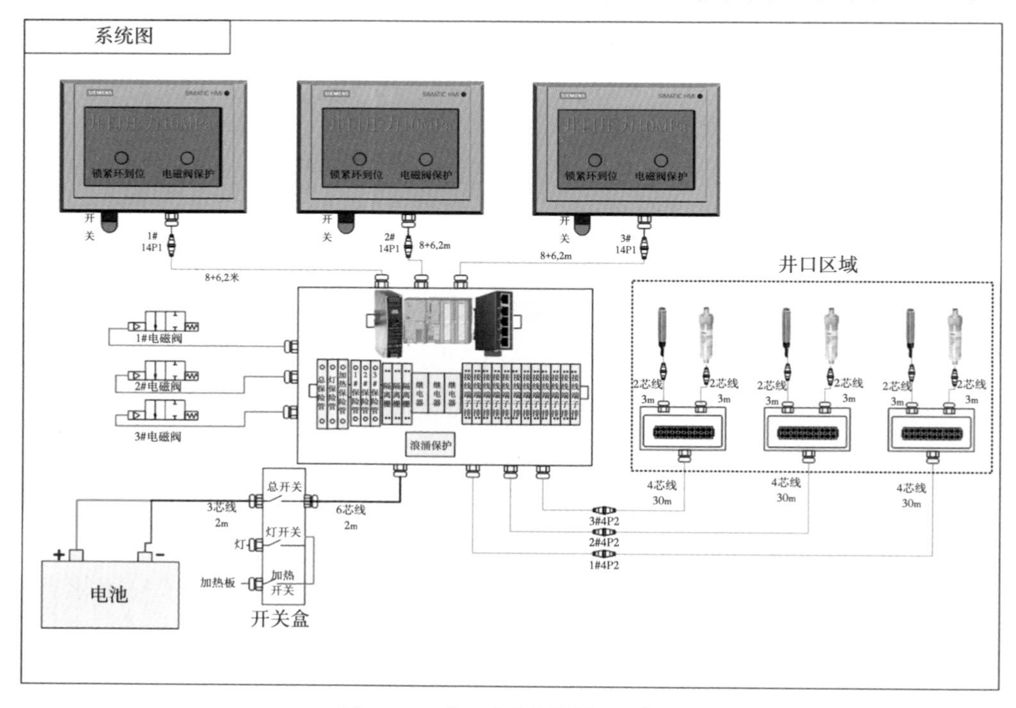

图 5-1-4　井口安全监测原理示意图

4.4.1　工作原理

在每个井口部署一套压力变送器和接近开关，PLC 处理箱通过压力变送器和接近开关实时采集 3 个井口装置的井口压力及锁紧环位置信息、控制油路电磁阀的开关，防爆一体机实时显示 PLC 处理箱传输的井口压力、锁紧环位置和电磁阀动作等信息——主界面显示当前设备号、当前设备井口压力、锁紧环到位显示（锁紧为绿灯、未锁紧为红灯）、电磁阀保护显示（红灯安全、电磁阀开启，绿灯危险、电磁阀关闭）。

4.4.2　压力变送器和接近开关的安装

压力变送器直接固连在井口快速连接单元下接头的安装孔即可，但接近开关安装在锁紧环活塞下方后需要调校——方法和参数以厂家资料为准。

4.5 换接井口

（1）确认各井口的快速连接单元型号相同，具有互换性，管线连接正确、井口安全监测显示的状态为安全状态。

（2）按本节 4.3 所述方法启动液压控制系统。

（3）操作液压控制单元上需拆卸井口对应的油路控制阀：升起锁紧环、打开压紧块，吊出上接头和防喷管管串。

（4）操作液压控制单元上需安装井口对应的油路控制阀：先升起锁紧环、打开压紧块，将防喷管串与井口快速连接单元对接，再关闭压紧块、降下锁紧环。

（5）试压，合格后即可进入桥射联作程序。

4.6 拆卸

（1）分别将上密封测试堵头与各井口快速连接单元对接，并关闭压紧块、降下锁紧环，泄压，拆除液控管线、压力传感器、接近开关等。

（2）松开下接头与捕集器间的连接螺纹套，将井口快速单元吊入专用运输橇内。

（3）液压控制单元停泵、泄压，关闭柴油发动机，将各管线盘绕到位。

4.7 维护保养

外观清洁，整体连接测试，按出厂要求进行维护保养和故障排除。对井口快速连接单元而言，还须定期进行压力测试和探伤检测。

第二节 桥塞—射孔联作工艺

随着桥射联作技术的不断发展、完善与总结提炼，石油测井行业已先后颁布了多个不同层级的标准化作业程序，总体上可按以下流程实施。

1 准备

1.1 接受任务

接收桥射联作施工通知单，其内容应包括但不限于压裂井口法兰连接方式、压力等级，射孔器材（枪、弹）参数，射孔（桥塞）深度等参数。

1.2 收集资料

（1）试油工程设计或压裂设计。

（2）井口（法兰型号与连接方式、压力等）、井筒（井身轨迹图、井斜数据表、套管程序，井温、井内流体性质、自然伽马、磁定位曲线图、测井综合解释成果图或固井质量解释成果图等）、井场、井位和施工设备等与本次作业相关的信息。

1.3 施工设计

根据施工通知单和已收集资料编写桥射联作施工设计（方案）并按照流程审批。内容应包括基本参数、射孔设计、器材清单、泵送程序表、施工步骤、注意事项、安全应急措施、井控与应急预案等。

1.3.1 优选射孔器材

1.3.1.1 考虑因素

（1）单段作业簇数：根据单段作业簇数优选桥射联作控制系统及器材，1 簇射孔 + 桥塞、2 簇射孔可采用两级（正负）点火系统，2 簇以上射孔 + 桥塞、多簇射孔采用多级点火系统。

（2）温度：根据射孔段温度选择合适的民爆物品（射孔弹、导爆索、传爆管、雷管、桥塞点火管、桥塞火药等）、高温线、选发控制器和桥塞等入井器材，其工作温度和时间必须在额定范围内。

（3）压力：井口电缆防喷装置额定工作压力应大于预计最高井口施工压力的 1.2 倍，射孔时井筒内应有保护液。入井工具串所有部件的最小额定工作压力＞井筒内液柱压力 + 预计最高井口施工压力。

（4）地层流体：要考虑地层流体性质和流量的影响。如果射孔前井筒内含有硫化氢或二氧化碳，且射孔枪有可能与这些腐蚀性介质接触时，必须考虑硫化氢或二氧化碳对电缆、射孔枪、井下工具及密封元件的影响。硫化氢含量大于 5% 体积浓度（$75g/m^3$）时必须采用防硫电缆。

1.3.1.2 射孔枪

根据套管尺寸选择合适的射孔枪枪型，见表 5-2-1。

表 5-2-1 射孔枪选择表

套管 /in	推荐枪型	可选枪型
7	102 型	114 型、127 型
5½	89 型	86 型、102 型
5	73 型	80 型、83 型、86 型、89 型
4½	73 型	68 型
4	60 型	68 型
3½	51 型	60 型

注：（1）射孔枪与套管间隙不得小于 15mm。
（2）直井、水平井桥射联作枪型可按“推荐枪型”选择，套管变形段按通径选择合适的射孔枪。
（3）射孔枪的耐压指标必须满足施工要求。
（4）要列出射孔枪的主要技术参数，包括型号、外径、孔密、相位、耐压指标等。

1.3.1.3 射孔弹

（1）根据施工要求和射孔枪型选择相应的射孔弹型号；

（2）射孔弹炸药类型的选择遵循表 5-2-2；

表 5-2-2 射孔弹炸药类型选择表

温度 / 时间	射孔弹炸药类型
＜120℃ /48h	RDX
120~160℃ /48h	HMX
160~230℃ /48h	HNS 或 PYX

（3）列出射孔弹的主要技术参数，包括型号、API 混凝土靶穿深和套管入口孔径、炸药类型、耐温指标、药量等。

1.3.1.4 桥塞坐封工具

（1）根据桥塞和工况要求选择合适的桥塞坐封工具，见表 5-2-3；

（2）桥塞坐封工具的耐压指标必须满足施工要求。

表 5-2-3　桥塞坐封工具选择表（参数表）

型号	05#	10#		20#	
		标准型	加强型	标准型	加强型
最大工作压力 /psi（MPa）	27000（186.17）	15000（103.43）	30000（206.8）	15000（103.4）	25000（172.38）
最大坐封力 /lbf（tf）	10000（4.536）	35000（15.876）		55000（24.948）	
最大外径 /in（mm）	1.718（43.64）	2.750（69.85）	3.250（82.55）	3.800（96.52）	4.125（104.78）
最高工作温度 / ℉（℃）	400（204.44）				
长度（不含点火头）/in（mm）	74.16（1883.66）	63.8（1620.52）		74.84（1900.94）	
长度（含点火头）/in（mm）	81.84（2078.74）	72.21（1834.13）		83.59（2123.19）	

1.3.1.5　桥塞

（1）桥塞类型：明确作业井采用的桥塞类型，主要包括复合桥塞、大通径免钻桥塞、可溶桥塞、可溶球座等，常见桥塞如图 5-2-1 所示。

（a）易钻复合桥塞

（b）大通径桥塞

（c）可溶桥塞

（d）可溶球座

图 5-2-1　桥塞

（2）桥塞技术指标：外径、长度、内径、耐温、抗压差、压裂球、溶解性等相关技术参数。

（3）桥塞与套管间隙：根据套管内径、桥塞坐封范围以及管串通过能力分析等内容，综合考虑选择适合作业井的桥塞尺寸，桥塞与套管内径的间隙推荐值在 9~15mm 之间。

1.3.1.6　雷管

（1）雷管的耐温指标必须满足施工要求。

（2）常用雷管装药类型和主要技术参数见表 5-2-4。

表 5-2-4　雷管主要技术参数

型号	电阻 /Ω	安全电流（5min）/mA	耐压 /MPa	发火电流 /mA	耐温（4h）/℃	防射频强度	外径 /mm
DL-W180-1	50	200	—	800	160（180℃ /2h）	不防射频	9
FDLG4-1SC	50	200	—	800	160	不防射频	8
DYNA	—	—	—	—	160	防射频	8

1.3.1.7　桥塞坐封工具用民爆物品

（1）民爆物品的耐温指标必须满足施工要求。

（2）常用民爆物品类型和主要技术参数见表 5-2-5。

表 5-2-5　桥塞坐封工具民爆物品主要技术参数

型号	电阻 /Ω	安全电流（5min）/mA	发火电流 /mA	耐温（1h）/℃	防射频强度	备注
贝克点火组件	3~5	200	800	204	不防射频	
DB 点火组件	3~5	200	800	204	不防射频	
DYNA 点火组件	—	—	—	204	防射频	
桥塞火药	—	—	—	204	—	配套桥塞工具

1.3.1.8　桥射联作专用接头

（1）根据射孔枪外径选择相应的大孔内螺纹接头、小孔内螺纹接头和普通内螺纹接头（图 5-2-2）。

（2）其他专用接头类型及主要技术参数见表 5-2-6。

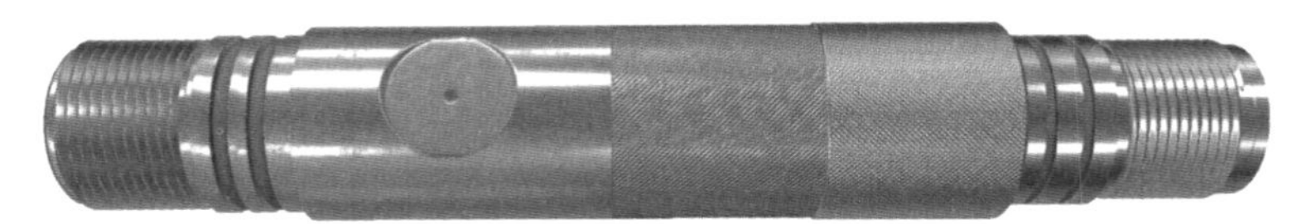

图 5-2-2　桥射联作专用接头

表 5-2-6　桥射联作专用接头主要技术参数

型号	外径 /mm	耐压 /MPa
旁开接头	73/54	140
普通双外螺纹接头	73/54	140
桥塞双外螺纹接头	73/54	140
双内螺纹接头	73/54	140

1.3.1.9　传爆管

（1）采用正负两级点火作业时使用传爆管；

（2）传爆管的装药类型的选择见表 5-2-2；

（3）根据导爆索外径选择匹配的传爆管；

（4）要列出传爆管的主要技术参数，包括型号、外形尺寸、内径、装药类型、耐温等。

1.3.1.10　导爆索

（1）导爆索的装药类型选择见表 5-2-2；

（2）要列出导爆索的主要技术参数，包括型号、外径、装药类型、外包覆层材料、耐温、爆速、热缩率等（表 5-2-7）。

表 5-2-7　导爆索主要技术参数

型号	外径 / mm	装药类型	外层材料	耐温（48h）/ ℃	耐压 / MPa	热缩率 / %	爆速 / （m/s）	线密度 / （g/m）
80HNS	5.3	HNS	尼龙	200	—	≤ 1	≥ 6200	17
80HMX	5.3	HMX	尼龙	160	—	≤ 1	≥ 7400	17
80RDX	5.3	RDX	尼龙	120	—	≤ 1	≥ 7800	17

1.3.2　入井工具串配重计算

公式如下：

$$W_g > F_m + F_f + F_t - W_q \tag{5-2-1}$$

$$F_t = pS \tag{5-2-2}$$

式中　W_g——加重杆的重量，N；

F_m——电缆与流体、阻流管之间摩擦力，N；

F_f——井下流体对下井工具（仪器）串和加重杆的浮力，N；

F_t——井下压力在防喷管电缆入口处对电缆向上的推力，N；

W_q——下井工具（仪器）串的重量，N；

p——井口压强，Pa；

S——电缆横截面积，m^2。

现场作业时，加重可按 W_g 与 W_q 之和大于 F_f 与 F_t 之和的 1.2 倍计算。

1.3.3　入井工具串设计

（1）入井工具串应无“直”台阶（工具串连接部位有台阶时应加工30°倒角）。

（2）根据套管尺寸、射孔分段分簇情况、预计井口施工压力、防喷装置有效长度等参数设计下井工具串参数。

（3）根据作业井井况、井身结构、井斜数据、下井工具串参数等进行下井工具串在全井筒内的通过能力分析和模拟。

（4）根据得到的通过能力数据，优选柔性加重、滚轮降摩阻装置等配套工具（图5-2-3、图5-2-4）。

（5）根据模拟优化结果提供入井工具串图，确定枪型、弹型、工具尺寸等入井工具串数据。

图5-2-3　滚轮降摩阻装置

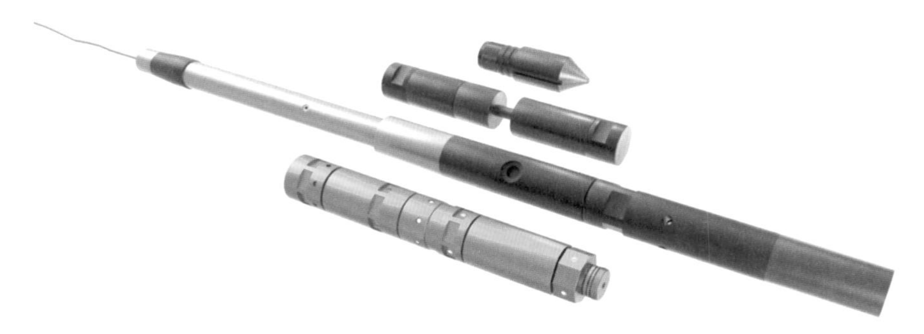

图5-2-4　桥射联作配套工具

1.3.4　操作步骤设计

（1）布置作业现场。

（2）组装电缆防喷装置并试压。

（3）组装、连接通井工具串进行通井（根据作业井要求选择实施该步骤）。

（4）组装射孔器及桥塞坐封工具。

（5）连接入井工具串，下井。

（6）泵送作业。

（7）跟踪定位，坐封桥塞，射孔。

（8）起出入井工具串，待压裂完成后，重复上述步骤，直至作业完毕。

（9）拆卸井口电缆防喷装置及装车。

（10）转入后续作业。

1.3.5　泵送程序设计

（1）根据套管内径、井斜数据、枪套摩阻系数、泵送液参数、下井工具串参数等数据优化设计泵送排量、电缆运行速度等施工参数。

（2）根据泵送射孔施工参数优化设计结果，结合下井工具串通过能力分析数据和井斜数据确定泵送程序。泵送程序原则上是从井斜 30° 到水平段将泵送排量逐步从 0 提升至最大。

1.4　施工设备

（1）地面数控系统一套、多级点火系统一套，如图 5-2-5、图 5-2-6 所示。

图 5-2-5　桥射联作数控系统

图 5-2-6 桥射联作多级点火系统

（2）一体化电缆绞车或测井拖橇：

①电缆长度、绝缘、通断、拉断力等技术指标满足施工要求；

②供电系统、绞车系统、张力系统、深度系统工作正常。

（3）满足施工要求的吊车一辆。

（4）专用射孔器材运输车（工程车、卡车、民爆物品运输车）。

（5）井口电缆防喷装置一套，包括井口转换法兰、电缆防喷器、捕集器、防喷管、抓卡器、注脂控制头（含安全阻流球阀）、吊装器、注脂系统、防喷管专用支架、井口操作平台等。电缆防喷装置通径大于桥塞及射孔工具串最大外径 8mm 以上，额定工作压力大于预计最高井口施工压力的 1.2 倍，作业所需备件足量。

（6）压裂设备及工作液满足试压和泵送施工要求。

（7）压裂仪表车的外接显示设备可连接至电缆绞车或测井拖橇。

（8）提升设备满足提升吨位和高度要求。

（9）高空车或登高平台满足作业要求。

（10）防爆无线通信设备、正压式呼吸器及多气体检测仪足量。

1.5 器材

1.5.1 下井工具串

马笼头、定位器、接头、射孔枪、选址开关、桥塞坐封工具点火头、桥塞坐封工具、挤压套筒、桥塞、泵送枪尾、射孔弹、导爆索、雷管、桥塞点火器、桥塞火药等满足作业要求。

警示：民爆物品的领用、运输、存放必须严格执行国家、企业的管理规定！

1.5.2　辅助设备及工具

工具房、管钳、勾头扳手、螺丝刀、钢卷尺、防坠器、高空安全带、棉纱、防水胶布、高压胶带、有线张力计等满足作业要求。

1.5.3　油脂

润滑脂、密封脂、液压油、清洗剂等满足作业要求。

1.5.4　应急工具

电缆夹、断缆钳、打捞工具与电缆、井筒、井下工具串匹配。

1.6　施工人员

“爆破作业人员许可证”“硫化氢防护培训合格证”“井控培训合格证”等相关特种作业操作证件齐备，人员技能满足作业要求。

1.7　井场

（1）电缆绞车或测井拖橇与井口之间无障碍物。

（2）施工现场应预留射孔器装配区域，设置警戒区。

（4）不应在距警戒区域边界 15m 以内设置加油区。加油管汇不应穿越警戒区。

（5）井场电源及照明满足 24h 连续作业要求。夜间作业时井口、射孔枪装配区域、高压管线等关键位置须确保充分照明（施工区域、装枪区域使用防爆照明）。

（6）装枪区域一般应不小于 10m × 10m，起吊电缆防喷管串作业区域应不小于 5m × 25m，施工现场有满足雨天等特殊天气的装枪环境。若是平台井施工，电缆绞车到井口距离宜不小于 25m，射孔作业区域建议至少预留 35m × 25m，且将射孔作业区域预留到平台中轴线（图 5–2–7）。

（7）在距警戒区域边界 50m 以内禁止吸烟，禁止使用明火和电焊等作业，不能使用无防爆功能的无线通信设备，不能堆放易燃、易爆物品。

（8）井口应安装经过校正的井口压力表。

（9）井口漏电电流不大于 10mA，井口应提供便于拆卸井口防喷装置的操作台，其接地电阻不大于 10Ω。

（10）在高压作业区与射孔作业区宜安装防护墙（防护隔离挡板）。

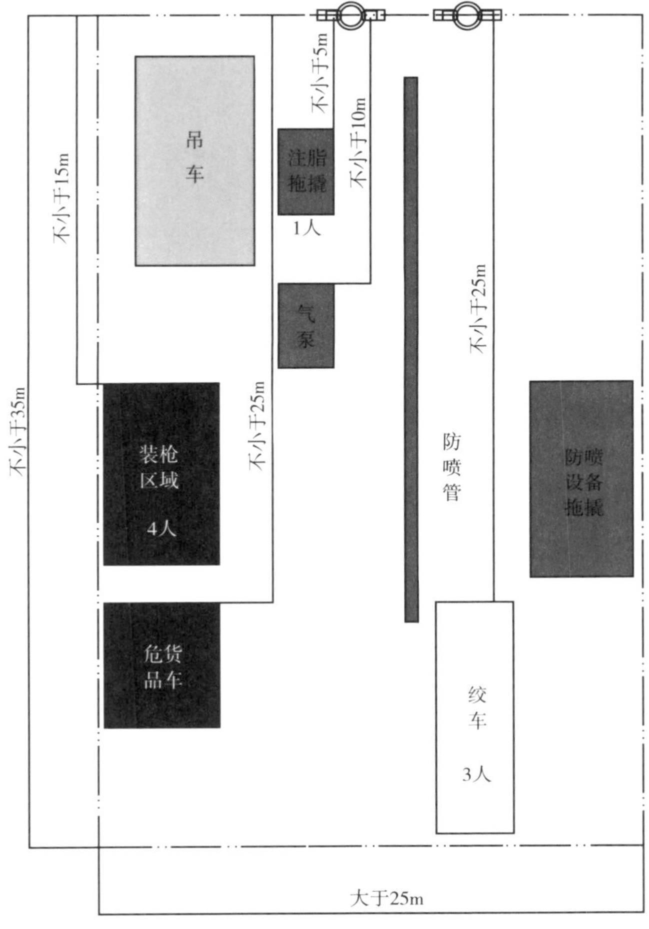

图 5-2-7 桥射联作设备现场布局图

1.8 井筒

（1）套管质量和固井质量合格。

（2）水平井段和大斜度井段套管内应无变径。

（3）施工前确认井筒特殊尺寸套管位置，并做好记录。推荐在 30°井斜角处和水平井段中部下入便于校深的特殊长度套管。

（4）井口安装平板闸阀、防喷管线、压井管线和工作平台，并进行承压试验，试压合格后做好记录。

（5）作业前，按照 SY/T 5587.5—2018 的规定进行通井和洗井，并在桥塞坐封位置刮削套管，通井深度应至人工井底。

（6）泵送射孔层位下部有已打开层位且泵注液体正常（在额定工作压力下，满足水平井泵送作业的最低排量要求）。

（7）每次加砂作业完成后，因各种原因未能及时进行后续泵送作业，等候时间超过 24h，在泵送作业前，应以压裂最大排量冲洗井筒（推荐冲洗大于 2 倍井筒容积的液量）。

2 行车

按路途行车相关管理规定，将人员、设备安全运送至作业现场。

3 现场施工

3.1 现场核实

（1）现场负责人组织召开多方会议，核实施工内容、井筒及井口信息、设备参数及性能等，交代注意事项与要求，签订施工安全协议。

（2）到达现场后，先核实井场和井筒条件应满足作业要求，作业队长和安全员主持班前会。

3.2 现场布置

（1）布置工作区域，设置安全警戒隔离线，无关人员严禁入内。

（2）按照施工要求摆放仪器车、吊车；若使用测井拖橇，应固定拖橇四角地锚。

（3）施工区域布置合理，尽可能将施工区域、清洗保养区域、射孔枪装配区域、器材存放区域与外部隔离。

（4）施工区域照明良好，应满足夜间施工要求。

（5）现场吊装、摆放电缆防喷装置，起吊过程中必须有专人指挥，吊装设备时应使用牵引绳，严禁在吊装的货物下方工作、站立或通过。

3.3 安装电缆防喷装置

（1）电缆防喷装置的安装、拆卸执行第二章第一节相关步骤。

（2）若需要，则按本章第一节所述在防落器（捕集器）与防喷管间安装插拔式井口快速连接装置。

3.4 下放电缆

启动绞车，开始下放电缆，依次穿过地滑轮、天滑轮、注脂密封控制头、防喷管等。

3.5 制作马笼头

正常施工中，每下井三次应重新制作电缆马笼头，根据作业井深、水平段长度和井身结构、射孔工具串重量及尺寸等参数制作马笼头电缆弱点。

3.6 组装下井工具串

（1）组装射孔枪。民爆物品的安装应执行 SY/T 5325—2013 的规定；各级射孔枪弹架两端预留足够长度的点火线，下端预留足够长度的导爆索。

（2）组装多级点火装置（雷管仓）

（3）安装选址开关。连线前应使用万用表检测射孔器内贯通线通断、绝缘情况；应对选址开关进行检测并记录，地面进行射孔工具串选址开关检测时严禁连接雷管。

（4）测试成功后完成雷管及射孔工具串装配。

（5）组装桥塞坐封工具，并将其与射孔工具串正确连接。

（6）测量下井工具串总长、最大外径，各级射孔器的零长，并做好记录。

（7）下井工具串（图 5-2-8）与电缆连接前，电缆缆芯对地短路，工具串下井 70m 之前，保持电缆缆芯接地。

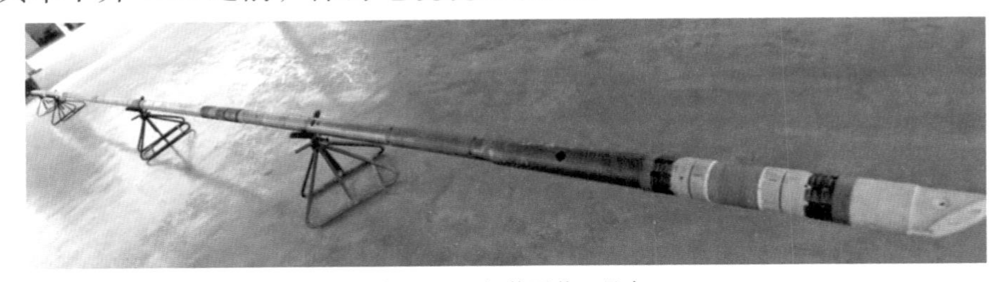

图 5-2-8 组装下井工具串

3.7 起吊射孔工具串

（1）防喷管有效长度应大于下井工具串总长 1.0m 以上，以免上提过程中射孔工具串碰顶拉断马笼头电缆弱点。

（2）起吊射孔工具串采取方法①，施工条件受限可采取方法②。

①将射孔工具串送入防喷管内后，在防喷管末端拧紧护丝，绞车放出

足够长度的电缆，如图 5–2–9 所示，司索指挥人员指挥吊车缓慢整体起吊防喷管和射孔工具串，防喷管到位后，安装地滑轮，绞车上提电缆至正常悬重，卸掉防喷管护丝。

②绞车工先放出足够长度的电缆，司索指挥人员指挥吊车将防喷管吊起一个射孔工具串的高度后，绞车再上提电缆将射孔工具串起入防喷管。连接好的射孔工具串在上提至防喷管内过程中，严禁吊车私自移动。

（3）如起吊前未安装桥塞或使用可溶桥塞，应先起吊射孔工具串后再垂直安装。吊车将防喷管吊至井口附近且距离地面约 1.5m 处停稳，司索指挥人员指挥绞车缓慢下放电缆使桥塞坐封工具适配器露出，安装桥塞；当桥塞上提至防喷管口时，绞车缓慢上起、将桥塞缓慢起入防喷管。若使用可溶桥塞，下井前应检查确认桥塞完好、记录下井时间。

（4）按图 5–2–9 方法先将防喷管串竖立，再拆除防喷管串底部护丝，将防喷管串起吊至井口上方，如图 5–2–10 所示，缓慢下放防喷管串并按图 5–2–11 所示与井口对接。起吊安装过程中桥塞必须露出防喷管，严禁拉拽、磕碰桥塞，防止损坏桥塞。

（5）高空作业人员应系挂专用防坠器及高空安全带。

图 5–2–9　起吊防喷管

图 5-2-10 起吊射孔工具串

图 5-2-11 安装井口防喷管

3.8 防喷管试压

（1）防喷管注水前，先确认回脂管畅通。

（2）向防喷管注满水进行试压，试压前向控制头注入密封脂，试压压力应高于预计最高井口施工压力的 1.2 倍（但不得超过设备的额定工作压力值），稳压 15min，压降小于 0.5MPa 为合格。

（3）泄放防喷管内的多余压力，使防喷管与井内压力平衡。

（4）打开平板闸阀。若井筒压力与防喷管压力无法平衡时，应缓慢打开。

（5）打开捕集器拨叉，缓慢下放射孔工具串。

3.9 射孔工具串下井

（1）工具串下入井内 70m 时停车，进行系统测试。根据现场施工情况调整下放速度，直井段下放速度不超过 6000m/h。

（2）桥射联作工具串入井后，严禁进行压裂管线倒换。

（3）工具串到达造斜点（井斜角 30°处）以上 100m 时减速下放，再次进行系统测试。

（4）磁定位跟踪校深，当悬重小于正常悬重 20% 时利用泵车进行泵送操作。

（5）水平井桥射联作采用水力泵送方式，开始以小于 $0.5m^3/min$ 的排量泵注液体进行泵送；随着井斜角逐渐增大，缓慢增加泵压和泵送排量，确保间隔压力和泵送排量增加时不对工具串造成冲击。在泵送过程中，最高泵压不得超过井口装置的额定工作压力，工具串下放速度应控制平稳。

（6）泵送过程中绞车操作人员应密切监视张力变化、操作工程师监视磁定位信号，同时与配合方保持通信畅通，确保张力平稳，防止电缆下放过快或过慢。泵送作业示意如图 5-2-12 所示。

图 5-2-12　泵送作业示意图

（7）桥塞下放通过设计坐封位置后 ，先停泵再缓慢停绞车，上倾井段施工应根据设计要求保留合适的冲顶排量。桥塞下深不能进入前次射孔段。

3.10 射孔工具串定位及点火

（1）上提射孔工具串，绞车工密切监视张力变化，操作工程师监视磁定位信号，确保电缆拉伸绷直。

（2）上提射孔工具串至桥塞坐封位置，停车后检查深度是否准确；桥塞点火前进行系统测试。

（3）定位停车后，上倾井段根据设计保留冲顶排量（推荐在桥塞有通道情况下保持冲顶排量，没有通道情况下则停泵），经作业队长核查确认后，操作工程师方可点火；桥塞点火时绞车工密切注意张力变化，判断桥塞坐封状态。射孔工具串定位及点火示意如图 5-2-13 所示。

（4）上提射孔枪至射孔位置，作业队长确认无误后操作工程师点火射孔。

（5）采用分簇（多级）射孔作业时，按步骤（4）完成剩余各簇射孔点火。

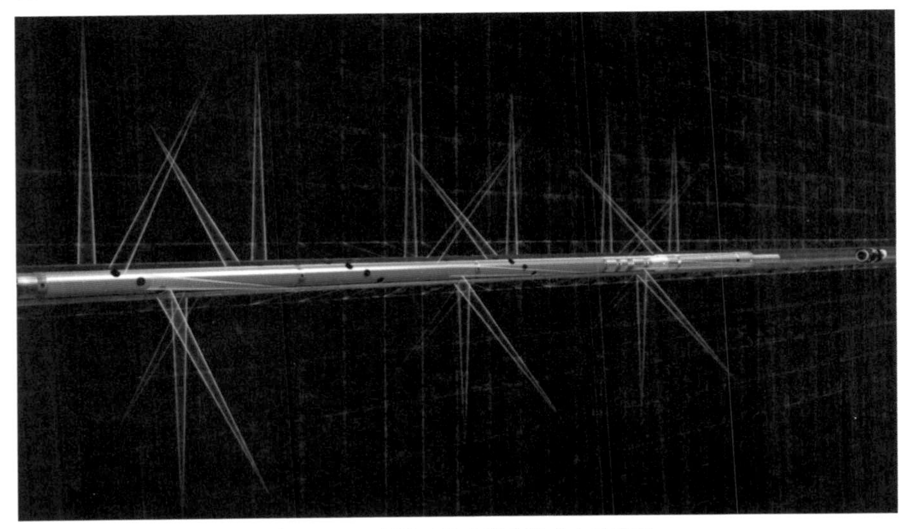

图 5-2-13 射孔工具串定位及点火示意图

3.11 射孔工具串起出

（1）多级点火射孔完成后，以不大于 600m/h 的速度上提射孔工具串，

20m 后再逐渐加速，水平段上提速度不超过 4000m/h，直井段上提速度不超过 6000m/h。

（2）在上提过程中，清洁电缆；每隔 500m 设置极限张力（张力保护）并调节绞车滚筒扭矩阀。

（3）射孔工具串起到距井口 50m 时以小于 600m/h 速度缓慢上提，距井口 30m 时以小于 300m/h 的速度缓慢上提，观察井口捕集器拨叉位置变化，同时跟踪磁定位信号以确认工具串完全进入防喷管。

（4）关闭平板闸阀。

3.12 放空排液

（1）先打开泄压阀泄压，压力表指示为“0”后，再开排水阀排水。

（2）拆卸防喷管与捕集器的连接由壬螺纹。

注：若安装了插拔式井口快速连接装置，则按本章第一节相关描述执行。

（3）将防喷管串及射孔工具串一起提离井口，如图 5-2-14 所示。

从防喷管内拉出射孔工具串并拆卸。

图 5-2-14 将防喷管起离井口

3.13 工具保养

（1）在工具清洗保养区域，按照桥塞坐封工具操作说明书的泄压步骤对工具进行泄压。

（2）在工具清洗保养区域，按照桥塞坐封工具操作说明书进行拆卸，拆卸过程中应避免桥塞火药残渣及活塞缸内的液压油落地造成井场污染。

（3）拆除工具中所有密封件，采用清洗剂清洗工具零部件，并用干净毛巾将清洗好的零部件擦拭干净。

（4）将所有密封面（接头、上下缸体内壁、芯轴等）涂抹润滑油，所有密封结构处全部更换全新密封圈，并涂抹润滑油，按照操作说明书组装好桥塞坐封工具，以备下一段桥射联作施工使用。

3.14 后续层段桥射联作施工

按照本节3.6至3.13步骤完成其他层段的桥射联作施工（连续作业时，首段施工执行防喷装置试压操作，后续层段施工执行平衡压操作；每下井三次应重新制作电缆马笼头）。

3.15 拆卸井口

全部层段射孔压裂完成后，按照安装时的相反顺序依次拆卸井口电缆防喷装置。

3.16 现场清理

施工结束后对作业区域进行全面清理，将生活垃圾、民爆物品包装箱、废油、密封脂等进行分类收集，并按要求处理。

4 井场事故事件应急处置

4.1 射孔工具串落井处置程序

（1）确定电缆断裂后，根据井内电缆自重和井口压力，确定刮绳器夹持电缆所在的深度（电缆自重略大于井口压力上顶力），在用刮绳器夹持电缆前应观察电缆悬重并记录，以便通过张力变化更好地调节刮绳器压力。

（2）在刚开始上提电缆时不夹持刮绳器，速度控制在2000m/h以内为宜。

（3）到达夹持刮绳器深度时，作业队长与注脂系统操作人员保持通信畅通，绞车以 200m/h 的速度上提电缆，注脂系统操作人员增大注脂压力，同时给刮绳器增加压力，待绞车张力显示增加 0.3~0.5kN 后通知注脂系统操作人员停止给刮绳器加压。

（4）以 2000m/h 速度匀速上提电缆。

（5）上提过程中，根据电缆深度的减少、张力减小和地滑轮的高度变化，及时增加刮绳器压力，尽量不让地滑轮落地，直至安全地将井内电缆全部起出。

（6）若电缆上提过程中，电缆喷出过快，不具备继续上提电缆的情况下应停止上提电缆，待电缆全部自行喷出后再进行处理，防止因上起速度过快拉断电缆或伤人。

（7）待电缆全部起出井口后，仔细观察起出的电缆断点，确认电缆断裂位置，判断井筒内是否留有电缆，以及留在井筒内的电缆长度，根据井筒内落鱼情况进行打捞。

4.2 电缆断丝处置程序

（1）电缆下入过程中，发生断丝情况时，执行以下操作：

①立即上提电缆。

②入井射孔工具串完全进入防喷管后，关闭井口闸阀。

③泄压，取出入井射孔工具串。

（2）若电缆起出过程中，发生断丝情况时，执行以下操作：

①停止上提电缆，刹住滚筒。

②关闭电缆防喷器半封闸板并锁死防喷器手动操作手柄。

③向电缆防喷器两个半封闸板间注入高压密封脂，确保可靠密封。

④完全释放防喷器上部防喷管内压力。

⑤卸开捕集器（防落器）上部防喷管，并用电缆卡锁住电缆。

⑥从断丝处剪断电缆。

⑦用吊车从井内拉出足够长度的电缆，并将断头依次穿入防喷管、阻流管后与滚筒上的电缆牢固连接。

⑧吊装防喷管至井口，卸掉电缆卡，安装防喷管到捕集器（防落器）。

⑨通过防喷器平衡阀进行压力平衡并松开手动锁紧装置、打开防喷器两个半封闸板。

⑩上提入井射孔工具串进入防喷管。

⑪ 关闭井口闸阀，泄压后取出射孔工具串。

4.3 下放或泵送遇阻处置程序

（1）在下放过程中若发现张力持续下降，应立即停止下放电缆。

（2）若是泵送过程中遇阻，应先停泵车再停绞车。

（3）若是压裂车等其他作业方原因造成泵送不成功，则要求相关方进行整改，待整改完成后重新进行泵送。

（4）若是井筒内有沉砂或其他异物造成泵送遇阻，则将相关情况通知建设方，建议起出工具串后，相关方处理井筒满足施工要求后再重新进行泵送。

（5）若是井筒出现变形导致泵送不成功，则将相关情况通知建设方，建议起出工具串后，相关方处理井筒满足施工要求后再重新进行泵送。

4.4 射孔工具串遇卡处置程序

（1）上提电缆至最大安全拉力（马笼头电缆弱点拉断张力的、75%），尝试解卡。

（2）在获得建设方和施工单位生产管理部门批准后，可尝试逐级增大泵注排量冲刷井下射孔工具串进行解卡。

（3）若上述方法不成功，可采取在卡点处坐封桥塞的方式尝试解卡，确认桥塞坐封丢手后，上提电缆检查桥塞以上的射孔工具串是否解卡。

（4）不应在未坐封桥塞前点火引爆射孔枪进行解卡。

（5）若上述方法解决不成功且无其他解卡办法时，在获得建设方和施工单位生产管理部门批准后，从马笼头电缆弱点处丢手，转入后续打捞。

4.5 桥塞遇卡处置程序

（1）桥塞未点火遇卡按本节 4.4 处理。

（3）桥塞点火未丢手导致遇卡，宜从地面释放电子弱点或拉断电缆弱点，将电缆起出；若是可溶桥塞，建议泵注助溶剂将可溶桥塞溶解后再尝试上提解卡。

4.6 射孔枪点火失败处置程序

（1）桥塞坐封后，第一簇射孔枪不能正常点火，则起出射孔工具串；若桥塞中间有流体通道，则继续采用泵送方式补孔，否则使用连续油管或其他管柱传输射孔枪串进行补孔。

（2）桥塞坐封后，第一簇射孔枪点火成功，第二簇或后续射孔枪点火未起爆时，起出射孔工具串检查并消除未起爆原因；若具备泵送条件，则继续采用泵送方式补孔，否则使用连续油管或其他管柱传输射孔枪串进行补孔。

（3）泵送补孔时，宜在射孔枪串底部连接泵送枪尾，完成该段补孔作业。

4.7　注脂控制头泄漏应急处置程序

（1）发现注脂控制头流体泄漏，带压操作工程师应提高注脂压力，注脂压力控制在额定工作压力以内。

（2）若仍密封失效，带压操作工程师应根据井内情况通知绞车工停车，关闭防喷盒后关闭密封脂回流管线，提高注脂压力尝试恢复密封。

（3）小队长应立即与井场相关负责人通报事故情况，商量解决措施，寻求相关方配合。

（4）若密封恢复正常，则转入正常作业。

（5）若密封未能恢复正常，则在井口不失控情况下，快速将下井工具串起入防喷管，关闭井口闸阀。

（6）若井口失控则转入井口密封失控应急处置程序。

4.8　井口泄漏应急处置程序

（1）小队长应立即与现场相关负责人通报事故情况，商量解决措施，寻求相关方配合。

（2）发现井口发生流体泄漏，应立即检查并分析泄漏原因。

（3）若是其他相关方设备（如井口闸阀、压裂泵注管汇等）泄漏，应立即告知相关方，并配合相关方进行整改。

（4）若无法通过整改恢复密封，在井口尚未失控情况下，快速将下井工具串起入防喷管，关闭井口闸阀。

（5）若井口失控则转入井口密封失控应急处置程序。

4.9　井口密封失控应急处置程序

（1）发现密封失控，带压操作工程师应立即告知射孔现场负责人。

（2）射孔现场负责人应立即告知建设方现场负责人以及本单位生产

管理部门。

（3）若工具距离井口较近，可以在征得建设方现场负责人同意的情况下，快速抢起电缆，起出工具串并关闭井口闸阀。

（4）若无法起出工具串，则关闭井口（闸阀或电缆剪切装置）剪断电缆并关井。

（5）关井成功后，计算出落入井筒内电缆长度，并向相关方提供井下落鱼详细情况，配合相关方进行打捞。

（6）若上提出现遇卡则转入遇卡处置程序。

4.10 剪断电缆反穿流管解卡应急处置程序

（1）在电缆防喷器关闭、防喷管内压力泄为0的情况下，拆开防喷管。

（2）在捕集器（防落器）上端安装电缆卡，使电缆稳固地卡在电缆卡内。

（3）在防喷管下端，电缆卡以上2m左右剪断电缆。

（4）倒下防喷管，拆卸控制头及阻流管，去除受损电缆。

（5）将受损电缆全部截除，选取完好的电缆再次穿过阻流管并重新组装控制头。

（6）将防喷管连接至现场能够操作的最大长度。

（7）将重新组装好的井口密封装置（含现场可操作的最大长度防喷管）吊至井口。

（8）将防喷管内的电缆拉出，用绳卡与井口剩余电缆（电缆卡上端电缆）进行牢固连接。

（9）绞车缓慢上提电缆，使电缆卡不再受力。

（10）拆除电缆卡，并将防喷管连接至井口。

（11）打开平衡阀，平衡井筒与防喷管内压力后打开电缆防喷器，绞车上提电缆，根据防喷管长度和绳卡位置，使电缆连接部位（打绳卡位置）上提到防喷管顶部。

（12）再次关闭电缆防喷器，泄掉防喷管内压力。

（13）确认防喷管内压力为0后，拆开防喷管。

（14）在捕集器（防落器）上方安装电缆卡，使电缆稳固地固定在电缆卡上。

（15）从防喷管下端拉出电缆，使电缆打绳卡位置拉出到地面。

（16）拉出电缆后，解开绳卡，将电缆分成两部分。

（17）将与绞车相连的那部分电缆从控制头拉出，然后拆卸防喷管至适合起出工具串的长度，将与工具串相连的那部分电缆从防喷管穿出，并使其穿过阻流管，然后重新组装好控制头，转入第（19）至第（23）条。

（18）若现场作业情况无法将与工具串相连的那部分电缆从适合起出工具串长度的防喷管穿出，则将防喷管拆短再继续处置。

（19）将从控制头穿出的两部分电缆用绳卡进行牢固连接。

（20）将组装好的井口防喷装置吊起至井口。

（21）绞车缓慢上提电缆，使得电缆卡不再受力，然后拆除电缆卡。

（22）将防喷管连接到井口上，打开平衡阀，平衡井筒与防喷管内压力后打开电缆防喷器。

（23）上提电缆，使井下工具串起出至井口全封闸板以上，确认后关闭井口闸阀，完成处理。

5 质量控制

（1）作业前应进行清洗井作业，以保证井筒畅通。

（2）每层压裂后应对井筒进行扫砂作业。

（3）射孔准确率100%（如需对已坐封桥塞试压，则要求每层桥塞封堵试压合格）。

（4）统计射孔发射率，未达到要求的需进行补孔作业。

（5）若使用可溶桥塞施工，应准确记录桥塞的入井时间，以便压裂队确定压裂施工时间。

6 施工风险控制

6.1 压裂对邻近区域的风险

建议在2km内不要进行钻井、测井及压裂等作业，以免造成工程事故。

6.2 吊装风险

吊车操作人员在施工中不得擅自离开，不得出现大钩滑动现象，吊车转盘转动半径范围内严禁站人；吊装器材时，吊物正下方禁止站人，吊物上绑绳避免大幅度摆动，有专人指挥。避免在其他设备上方通过。

6.3 高压风险

（1）井口装置及防喷管使用前应按要求进行试压。

（2）泵送时，平稳提升泵送排量，控制井口泵压低于井口装置额定工作压力。

（3）高压区域要隔离并标识，尽量减少在高压区域的工作人员及工作时间。

6.4 遇阻遇卡风险

（1）施工前要检查电缆，避免钢丝断裂或脆化，防止起下电缆时在阻流管或井口装置处脱丝打结造成遇阻遇卡。

（2）控制电缆起下速度，避免电缆打结、打扭，造成阻卡。

（3）使用与套管尺寸相匹配的桥塞。

（4）射孔工具串在井内时，不得操作井口平板闸阀。

（5）压裂后，压裂泵送管线应清洗干净；泵送应使用清洁的泵送液体，不得含有泥沙、压裂支撑剂等其他杂质。

（6）绞车操作人员和泵送指挥人员配合紧密，确保泵送过程平稳，避免电缆打结打扭和泵送管串意外掉井。

（7）加砂作业完成后，24h 内未能进行泵送作业的，在泵送作业前，应以压裂最大排量冲洗井筒。

6.5 环保风险

（1）施工中产生的残液必须汇入污油池或污水池，不得随意排放，其他残留物（油泥、废弃防渗布）必须堆放到指定地点。

（2）建议从射孔绞车到井口电缆运行经过的地面铺设防渗布，避免电缆上附着的密封脂等污物落地。

（3）建议装枪区域铺设防渗布，避免油污落地，配备垃圾桶回收固体垃圾。

6.6 爆炸风险

（1）射孔队组装射孔器材时，非工作人员不得进入装枪区域，装枪区域严禁围观。

（2）地面检测开关时，射孔工具串周围严禁站人。

（3）下井工具串与电缆连接前及工具串入井 70m 以内，电缆缆芯必须保持接地。

6.7　高处作业风险

（1）高处作业前，应安装安全可靠的登高梯、安全护栏及井口作业台。

（2）高空作业人员应佩戴专用高空安全带。

（3）高处作业时高空安全带应“一步一挂、高挂低用”。

6.8　有害气体风险

对可能存在 CO、H_2S 等有害气体溢出的井，要对 CO 和 H_2S 等气体进行监测。在 CO 含量大于 25mg/L 或 H_2S 含量大于 10mg/L 时，按照国家相关规定执行，确保作业人员安全。

6.9　恶劣气候风险

遇到雷电、大雾、六级以上大风、暴雨、沙尘暴等恶劣天气，应停止作业。

6.10　现场民爆物品管控

严格按照国家法律法规进行民爆物品现场管控。

7　民爆物品交还及资料验收

（1）返回基地后，立即汇报桥射联作任务完成情况并交还剩余民爆物品及录取资料；汇报内容要清楚、规范。

（2）作业队向资料验收单位提交的录取资料要填写完整，标注清楚，主要资料包括桥射联作施工设计（方案）、校深点火曲线、泵送施工记录等。

（3）资料验收单位必须在射孔资料交回时，对资料进行验收，并将验收结论告知作业队。

（4）作业队向器材供应单位交还民爆物品及剩余器材；应填写民爆物品交接明细单及器材消耗明细表。

8　设备保养

按相关规范对电缆防喷装置、插拔式井口快速连接装置、车辆、电缆、射孔地面系统等进行维护保养和性能测试，合格后待令。

第六章 案例分析

本章案例节选自《中国石油天然气集团公司井喷事故案例汇编》，内容进行了调整。其中测井作业过程发生的井喷事故 3 例，射孔作业过程发生的井喷事故 4 例。

第一节 测井井喷案例

1 窿 5 井井喷事故

1.1 基本情况

窿 5 井是玉门油田酒西盆地青南凹陷窟窿山鼻状构造的一口预探井，位于青西地区窿 2 井北偏西 321m，设计井深 4400m，实际井深 4399.50m，钻探的主要目的是预探窟窿山构造高点附近含油气性，进一步提高对砂砾岩裂缝性储层油气富集规律的认识，为下一步评价砂砾岩裂缝性油藏提供依据，整体评价窟窿山构造的含油气性。该井由某钻井公司 4509 队承钻。

1.2 设计情况

1.2.1 地质分层

窿 5 井地质分层见表 6-1-1。

表 6-1-1 窿 5 井地质分层

系	组	设计分层		岩性描述	故障提示
		底深 /m	厚度 /m		
第四系	酒泉组 Q	40	40	杂色砾石层	防漏
白垩系	中沟组 K_1z	65	25	浅灰色、深灰色、灰绿色泥岩	
第四系	玉门组 Qy	700	635	杂色、灰绿色砾岩，夹灰黄色、灰紫色砂质泥岩	

续表

系	组	设计分层		岩性描述	故障提示
		底深 /m	厚度 /m		
古近—新近系	牛胳套组 + 胳塘沟组 N_2n+N_1t	2500	1800	砂岩、砾岩、泥岩互层	
	弓形山组 N_1g	2930	430	棕褐色、棕红色、灰色泥岩、粉砂岩为主	
	白杨河组 E_3b	3250	320	棕红色泥岩、砂质泥岩	
	柳沟庄组 E_2l	3301	51	灰绿色含石膏泥岩	防塌防斜
白垩系	中沟组 K_1z	3566	265	上部深灰色白云质泥岩、深灰色泥岩和灰黑色泥岩，下部深灰色白云质泥岩、浅灰色白云质粉砂岩与灰黑色泥岩	
	下沟组 K_1g_{2+3}	4116	550	上部为深灰色白云质泥岩、白云质粉砂岩、深绿色泥岩与页岩，下部浅灰色、灰绿色灰质砾岩与深灰色白云质泥岩、深灰色泥岩	防卡、防漏、防油层污染
	下沟组 K_1g_1	4400	284	浅灰色、灰绿色灰质砾岩与深灰色白云质泥岩，底部为厚层状灰质泥岩	

1.2.2　预计油气层位置

下沟组 K_1g_{2+3}：3880~3920m、3980~4040m 为油层；

下沟组 K_1g_1：4120~4180m、4250~4300m 为油层。

1.2.3　井身结构设计

该井采用 13–7 结构，ϕ444.5mm 钻头一开，钻至井深 1000m，下入 ϕ339.7mm 表层套管，封住该区 1000m 以上的漏失层段或疏松层段；用 ϕ241mm 钻头二开，采用“直—增—稳”三段制剖面，上直段钻至 3100m，定向钻进至完钻井深 4400m，下入 ϕ177.8mm 油层套管完井。

1.2.4　油气井控制

（1）二开前按设计要求使用 2FZ35–35 液压防喷器及与之匹配的液控系统、压井节流管汇；

（2）进入预计油气层前，应储备密度为 1.40g/cm^3 的重钻井液 80m^3，同时储备足够的加重材料；

（3）该井因测核磁共振测井，所以不准使用铁矿粉。

1.3　钻井概况

该井于 2000 年 6 月 13 日经玉门油田勘探事业部项目组一开检查验收，

对提出的问题整改后于6月14日8:00一开，采用ϕ444.5mm 3A钻头于6月26日13:10钻至井深1000.60m，最大井斜1.6°，井身质量合格。6月28日下入ϕ339.7mm表层套管至井深1000.15m，固井，水泥浆返出地面，经声幅检测质量合格。

候凝期间按照《中国石油天然气集团公司井控技术规定》安装好防喷器、节流、压井管汇。2000年7月1日2:30根据表层套管承压能力整体试压15MPa，稳压30min，压降为0，达到设计要求。对防喷器、节流管汇试压20MPa，憋压30min未降。16:00钻水泥塞至井深995m，按要求进行套管试压，试压压力12MPa，30min未降。经勘探事业部项目组检查验收，具备二开条件，同意二开。

7月1日20:00采用ϕ241mm钻头二开，21:00钻至井深1003.01m，做地层破裂压力试验，单阀排量为10L/s，钻井液密度为1.14g/cm^3，泵压升至15MPa未漏，计算地层破裂压力不小于26.21MPa，当量密度不小于2.67g/cm^3。8月9日00:00钻至井深3169.74m。8月11日19:00开始定向钻进，定向井段为3169.74~3257m，井斜由2°增至11.40°，方位由52°增至56°后稳斜钻进，于12月6日6:00钻至井深4398m起钻，12月7日下取心筒取心，取心至井深4399.50m，垂深4374.54m，12月8日取心完起钻，于12月9日3:00起钻完。井底闭合距262.80m，闭合方位39.46°（电测数据）。

该井从12月8日8:00取心完成，至12月17日16:00发生溢流，期间历时9天5小时10分，从井深3551m到油层底部4229m井段一直未建立循环。

1.4 事故发生经过

12月9日测井，12月11日薄层电阻率仪器下到井底后，在上提时发现测井仪器遇卡。12月12日进行穿心打捞，钻具下入井深4227.35m时上提电缆，张力不变，判断电缆已被切断，切断处约在井深3240m处，井下掉入测井电缆约1160m。当日开始组织用打捞茅打捞。

12月13日3:30开始下入ϕ118mm打捞矛，长度2.04m；10:40下至井深3551m，考虑井下钻井液停留时间长，决定循环处理钻井液，循环至当日19:00。钻井液性能：密度1.33g/cm^3，黏度滴流到154s，中压失水4mL，滤饼厚0.5mm，切力8~16Pa，含砂量0.3%，pH值9，循环排量35L/s，泵压16MPa。在上下活动过程中有遇阻现象。

12 月 14 日 6:15 起出，捞出电缆 20~30m，第二次下入 ϕ127mm 打捞矛，长度 2.70m，于当日 14:00 下至井深 3580m 打捞，未循环起钻，在起钻过程中前三个立柱有遇阻现象，上提 1300~1800kN。

12 月 15 日 2:45 起出，捞出电缆约 120m。第三次下入原打捞矛，10:00 下至井深 3626m 遇阻，上提也有遇阻现象，起钻至井深 3472m，遇阻严重，上提 1300~1800kN，多次起不出，最后上提 2000kN，仍起不出，14:00—20:00 单阀循环钻井液，排量 11L/s，泵压 15~17MPa，钻井液性能：密度 1.33g/cm^3，黏度滴流到 150s，中压失水 4mL，滤饼厚 0.5mm，切力 8~16Pa，含砂量 0.3%，pH 值 9。因井下随钻震击器不工作，至 20:30 决定接地面震击器，原悬重 1050kN，震击吨位 600~1000kN，下击 9 次，仍无法下行，决定爆炸松扣。继续循环，争取顶通解卡，泵压 14~15MPa，排量 11L/s。

12 月 16 日 19:00 钻井液性能：密度 1.32g/cm^3，黏度 103s，中压失水 4mL，滤饼厚 0.5mm，切力 6~12Pa，含砂量 0.3%，pH 值 9。循环至 20:00，在井深 3472m 打捞钻具被卡。

12 月 17 日下电缆爆炸松扣过程中，井口出现溢流，因点火线磨破无法引爆，起出电缆，组织压井。

12 月 18 日第二次控制套压在 14MPa 继续组织配钻井液压井，替入密度为 1.55g/cm^3 的压井钻井液 154m^3，压井未成功。

12 月 19 日凌晨替入密度为 1.55g/cm^3 的钻井液 90m^3 压井，立压始终为 0，套压控制在 10~13MPa 之间。3:00—3:58 关闭节流管汇针形阀又替入密度为 1.55g/cm^3 的钻井液 66.2m^3，中途立压由 0 升至 2MPa，维持 2min 后又降至 0，打完钻井液后，套压稳定在 12MPa，前后 2 次累计替入密度为 1.55g/cm^3 的钻井液 156.2m^3。在整个压井过程中，套压控制在 12~13MPa 之间，从始到终消防车戒备。8:00，350 型防喷器闸板胶芯刺坏，钻具上移，气量增大，放喷声音增强，井口采用消防车降温，同时组织人员拆除机泵房保温棚边墙。10:55，机泵房先爆燃，保温棚被炸飞，铁板及支架飞出，井场设备全部烧毁。事故造成轻重伤员 17 人，其中 1 人经抢救无效死亡，1 人失踪（灭火清理井场时在钻井液加重台处被发现，已死亡）。

1.5 事故处理经过

2000年12月19日11:00，接到火灾报告后，在岗所有领导立即赶赴现场，查看灾情，并实施了三条措施：（1）立即组织人员，抢救伤员和被困的钻井职工；（2）关闭上下公路，防止事态扩大；（3）拦截火源外移，疏通原油流通渠道，防止火源蔓延。

随后，由中国石油天然气集团公司、中国石油天然气股份有限公司、中国石油勘探与生产分公司、吐哈油田勘探指挥部、四川石油管理局、新疆石油管理局、玉门石油管理局及玉门油田分公司领导及灭火专家孙振纯等成立了抢险指挥部，下设技术方案组、抢险组、综合组和后勤保障组，全力以赴投入抢险灭火。处理的主导思想是控制井口，不留后患。

首先进行井口强挤水泥的可行性分析：

（1）井口的安全施工压力为15MPa；

（2）地层破裂压力为26.17MPa；

（3）油层底部压力为56.25MPa，破裂压力大于56.25MPa；

（4）设井筒内充满原油，油柱压力为$0.001 \times 4229 \times 0.83 \times 9.8=34.4$MPa，压破地层需要的井口压力至少为$56.25-34.4=21.85$MPa；

（5）井口压力为21.85MPa时，表层套管鞋处的压力为$21.85+0.001 \times 1000 \times 0.83 \times 9.8=29.98$MPa。

由以上数据看出，强挤水泥首先是井口条件不允许，其次可能导致表层套管鞋处地层破裂，因此强挤水泥从理论上不可行。

在认真分析了该井基本情况并参考了窿4井的地层压力情况后，为尽快解除事故，达到控制井口、不留后患的目的，立即制定了安全、快速、有效的事故抢险方案。

第一步，进行抢险准备。着火时喷出的火焰高达100m，火势猛烈，即使人员在距井场100m之外的地方观察，仍热气袭人，因此，抢险人员及设备无法靠近井口。为顺利灭火，抢险指挥部组织了推土机、挖掘机、运输车辆等各种车辆及设备近百台到达现场；整修了所用的道路；修建了泄水排污沟；调集了蓄水设施；经抢险队连续3昼夜的施工，在井场外安全地带挖好5000m^{3}的水池作为消防车的供水源，以保证消防车灭火一次成功；同时四川灭火公司、克拉玛依灭火队、青海油田压裂队的设备和人员按时到达现场。

第二步，带火清障。因井喷造成井下垮塌，12 月 23—28 日上午，井口出现火势减弱和火势间隔反扑的现象。在此期间抓住有利时机，抢险指挥部及时组织抢险队连续进行了带火清障作业，先后清除了被烧毁的联动机、循环池、柴油机、加重台、发电机、套管、机泵房、配电房、柴油罐、机油罐、水罐、远程控制室、发电房、电动压风机及其底座、柴油机房、钻杆、钻台、电动压风机、船型底座、钻台底座、钻机等设备，累计推出井口油土约 3000m^3，为接近井口及后续抢险创造了条件。

第三步，清挖井口。自 12 月 28 日下午开始，在水炮消防车的配合下，把井口套管头、四通、防喷器拖离井场，使井口露出。抢险指挥部领导及专家、工程技术人员对旧井口装置进行了认真查看和初步分析，因导管、井口处能被看见的套管及钻杆破裂，果断决策，下挖井口，在向下 3m 处将导管、套管和钻杆割掉，此后继续下挖井口，找到了好套管部位。

第四步，切割旧井口。抢险人员用割锯切割破损的套管后，深挖井口土方，通过测厚以便确定新井口的具体安装位置，罩引火筒，带火切割套管及内部钻杆，确保切割后的套管断面整齐。

第五步，焊接新法兰、安装新采油树。对套管切割后，焊接好新法兰，并带火安装好新采油树。

窿 5 井大火在上级领导的正确领导下，各抢险单位协同作战，众志成城，于 2000 年 12 月 30 日抢装井口成功，历时 11 天的大火终于被制服。由于上级的高度重视，抢险指挥部组织得力、严密，措施得当，部署详细，事故现场始终有安全人员监督，整个抢险过程没有发生任何事故。

专家点评：窿 5 井井喷事故主要原因是测井时间太长，没有及时通井，造成测井仪器被卡，处理事故时造成事故复杂化，打捞电缆过程中没能及时通井，处理事故时急于求成，经验不足，使电缆拧成团，遇卡上提抽吸造成流体进入井筒，致使处理卡钻过程中发生井喷。另一原因是井队职工井控意识不强，井控素质不高。

思考题：

1. 本次事故存在哪些直接、间接和管理原因？

2. 本次事故应吸取哪些经验教训?

3. 结合本案例和您自身经验，如何制定纠正和预防措施?

2 涩3-9井井喷失控事故

2.1 基本情况

涩3-9井位于柴达木盆地涩北一号气田，设计井深1550m。由某钻井公司32798钻井队承钻，于2001年9月1日17:00一开，ϕ311mm钻头钻至井深405m，ϕ244.5mm表层套管下深403.14m，套管钢级为N80，壁厚为10.03mm。9月4日21:20二开，ϕ215.9mm钻头钻至井深1550m，于9月8日15:00完钻。完钻时钻井液性能：密度1.39g/cm^3，黏度34s。

井口装置：ϕ244.5mm升高短节+TFQϕ244.5mm×ϕ177.8mm-35MPa套管头+ϕ339.7mm×279.4mm转换法兰+FSP35-35四通+2FZ35-35双闸板防喷器+FH35-35万能防喷器。

井内钻具组合：ϕ215.9mm钻头（未卸喷嘴）×0.24m+430×4A11接头×0.4m+ϕ158.8mm钻铤×158m+411×410接头×0.4m+ϕ127mm钻杆×810m+411×410回压阀×0.3m+133.35mm方钻杆，钻头位置969.32m。此外在井架上还立有22个钻杆立柱，长度为616m。

2.2 事故发生及处理经过

9月8日23:00完井电测，在583m遇阻，随后起电缆、卸滑轮、做下钻准备。

9月9日00:30开始下钻通井；2:30下钻至井深969.32m，发现井口不返钻井液，随后发生井喷，喷出物为天然气和少量钻井液，喷高10m。2:40因喷势大，无法打开两侧内阀门，实施硬关井，抢接带下旋塞的方钻杆（当时钻具内无钻井液及天然气喷出），开泵，泵压19MPa，判断钻具水眼堵塞。

3:20观察井口。为防止地表憋开，打开旁通平板阀放喷，套压2MPa，立压0。

7:50准备压井，调整压井钻井液(密度1.37g/cm^3，黏度60s)，组织供水，水泥车到井，其中5:52—6:00发生井塌，停喷8min。

8:10 接管线，关 2# 阀门，用水泥车憋钻具水眼，泵压为 8~21~6MPa。

9:00—9:30 节流压井，泵注密度为 1.37g/cm^3、黏度为 60s 的钻井液 50m^3，注压为 0~10MPa，套压为 0，井口返出天然气及钻井液。

9:30 关井，套压为 0，立压为 0。经现场研究决定用电焊机焊 1 # 阀门黄油嘴及内防喷管线与节流管汇连接处的焊缝。

9:40—10:00，第二次节流压井，共注入密度为 1.37g/cm^3、黏度为 55s 的钻井液 30m^3，套压为 5~4MPa，注压为 10MPa，井口喷出天然气，不返钻井液。

11:20 关井，套压 6MPa，立压为 0。

11:35 第三次节流压井，共注入密度为 1.40g/cm^3、黏度为 55s 的钻井液 20m^3，套压为 6MPa，注压为 10MPa，井口喷出天然气，不返钻井液。

14:35 关井，套压为 6MPa，立压为 0;

14:37 用水泥车向环空注钻井液，最高注压为 15MPa，压井管线不通，未注进钻井液。

14:47 关井，发现压井管汇一侧四通出口与阀门连接处刺漏，套压为 6.5MPa，立压为 0。

15:05—15:13 第四次节流压井，共注入密度为 1.40g/cm^3、黏度为滴流的钻井液 6m^3，套压为 7MPa，注压为 2MPa，井口喷出天然气。

15:23 关井，套压为 7MPa，立压为 0，因节流阀座刺，无法实施节流。为防止井口阀门刺漏加剧，打开两条放喷管线放喷，套压为 7~4MPa，立压为 0，喷出物为天然气及少量泥砂，喷距为 7~8m。至此，压井失败，井口接近失控状态。

9 月 10 日上午，在实施完第一次封堵作业后，乘井口喷势减弱之机，现场人员强行进入井口附近观察井口状况，发现压井管汇一侧内放喷管线刺断脱落，井口已完全失控。

专家点评：该井在电测时，钻井液无法循环，长时间静止，切力增大，下钻速度又过快，造成井漏，液柱压力下降后，发生井喷；关井后，因钻具水眼堵塞，等水泥车时放喷，造成井内钻井液喷空，给后续压井增加了困难；井控装置质量太差，发生多处刺漏，造成压井施工不连续；坐岗制度不严格，未及时发现井漏。应吸取的教训是，电测后下钻通井时，应分段循环，破坏钻井液切力，且下钻速度应严格控制；井控装置送井前，在井控车间应按标准严格检验，合格后方能送井；发生溢流压井时，压井作业应准备充分，连续施工；严格坐岗制度，及时发现溢流和井涌。

2001年9月9日，由某钻井公司32798钻井队承钻的涩3-9井发生井喷失控事故，此次井喷失控事故打乱了管理局和油田公司有关单位正常的工作秩序。失控事故先后处理达18天，造成巨大的资源浪费和破坏，导致气田局部气水关系混乱。事故处理投入了大量的人力、物力和财力，损失是巨大的，教训是深刻的。

思考题：

1. 本次井喷及井喷失控的原因有哪些？
2. 本次事故可能存在哪些管理问题？
3. 应制定哪些整改措施？

3 YH23-2-14井井喷事故

3.1 事故发生经过

1998年10月10日12:00—13:00，YH23-2-14井做再次电测准备，于15:00下电测仪至井深4200m，发现溢流，溢流量为0.5m^3，当即起电缆，15:15电缆起至3600m，电缆绞车出现故障，修车到15:30，此时井队将情况向公司调度室做了汇报，并提出砸断电缆的要求，电测队不同意，溢流速度明显加快(0.3m^3/min)，到15:50继续起电缆至2800m，发生井喷，喷至二层台，主要喷出物为天然气与轻质油，井场当即断电禁火，人员撤离井场。

3.2 事故处理经过

井喷失控事故发生后，现场立即组织成立了抢险领导小组，讨论研究和制定了抢险方案及相关工艺措施，并分头行动为抢险做准备工作。

先抢接井控放喷管汇，恢复紧固井口所有法兰，固定连接螺栓，抢装加固井口承压能力的哈呋卡子，关井，向井内打压井液100m^3，停泵，关井压力为0，开放喷管线，除少量气体外，再无溢流，到此抢险顺利安全结束。

专家点评：应该明确作业井在电测期间无论哪种工况都应该满足井

控要求；作业井无论任何作业工况，井口都要安装能有效实施井控的装置。

思考题：

1. 本次事故存在哪些直接、间接和管理原因？

2. 本次事故应吸取哪些经验教训？

第二节　射孔井喷案例

1　BQ203 井带压施工井喷事故

1.1　BQ203 井地质设计和钻井工程设计情况

河包场地区为一由南西向北东方向下倾的缓褶单斜，区域构造位于川东南中隆高陡构造区与川中古隆平缓构造区的交汇部，西为自流井构造，南接黄家场构造、螺观山构造，东南邻西山构造，北为大足安岳斜向构造。志留纪末由于受加里东构造运动的影响，上升为陆地，未接受沉积，缺失泥盆系、石炭系，下二叠统与志留系呈假整合接触。晚二叠世晚期，受东吴运动的影响，茅口组四段被剥蚀，残厚不一。中三叠世受印支运动的影响，形成了泸州古隆起。气藏储层主要为茅口组，有大套石灰岩，岩性致密，裂缝溶洞发育，储渗体是一个岩性封闭的系统，其储集空间有限，受制于裂缝发育范围，底水活跃，主要靠天然气的弹性能量驱动，气藏属于裂缝—孔洞弹性气驱。

井身结构为表层套管由工程设计依据地表地层垮、漏情况决定，技术套管下到须家河组顶部，确保天然气不泄漏，水泥浆返回地面，油层套管下到茅口组底部，然后用 127 尾管完钻。其井中管柱结构为 339.7mm 套管下到 99m，224.5mm 套管下到 428m，用 $8^{1}/_{2}$in 钻头钻到 3212m 后通井处理井况后，进行电测。

1.2　测井工程事故发生经过

2005 年 12 月 23 日测井队接到测井通知后，了解到该井在 12 月 16 日氮气钻井已完成，井内进行了多次关开井，测井队要求对井眼进行处理。由于氮气装置已拉走，只能进行通井，在测井队到达前钻井队进行通井作业。12 月 24 日召开了由甲方钻井监督、钻井队技术人员、欠平衡工程师和录井地质工程师参加的多方联系会，针对带压欠平衡测井的特殊性，对各种薄弱环节逐项进行讨论。由于此前 BQ203 井钻井压力为 7MPa，关井压力达 10MPa，测井队提出为了保持平衡地层压力，防止地层垮塌，确保测井施工安全，提出测井时井口保压在 6~7MPa 之间，同时对钻井队和欠平衡公司的防喷装置承压性能进行了详细了解。钻井队和欠平衡公司都保证各自的设备没有问题，对井口保压 6~7MPa 未提出异议。考虑到测井安全和设备安全，决定第一趟下井径、井斜测井仪，了解井身质量和井眼情况。同时为了确保井控安全，对井控工作进行了明确的分工，测井队、钻井队和欠平衡公司要确保各自的设备安全可能。钻井平台的井口压力由欠平衡公司人员负责观察，钻井队确保井口压力不超过 7MPa。测井完井后，仪器进入防喷管后由欠平衡公司人员泄掉防喷管压力，同时要求各相关人员 24 小时值班。

12 月 24 日 13:30 测井队安装天地滑轮，组装井口防喷系统；20:54，井口防喷系统安装完成，此时井口压力为 5.6MPa；21:00 仪器下井，下放速度 20m/min；21:56 测量重复曲线；22:20 测量主曲线；23:15 当仪器起到套管内 931m 处井口压力为 6.2MPa。欠平衡公司的旋转防喷器卡箍被冲落，球形防喷器上部连接的法兰及测井防喷系统被抬起冲开，约 400m 电缆被冲出撒落在钻台面和井口封井器附近，其余电缆和仪器（可能）停留在套管中。绞车工立即停车熄火，同时通知钻井队关闭球形封井器，打开放喷管线点火。23:40 测井队发动仪器车，检查仪器，发现供电后不能建立通信，但通过电缆 7 芯间的电阻值判断，通过检查井径仪器开、收腿缆芯电压、电流判断，初步确定仪器没有落井。事故发生后测井队向上级进行了汇报。现场事故相关相片如图 6–2–1 所示。

12 月 25 日，测井队、钻井队、欠平衡公司及甲方监督等相关单位召开现场事故处理会。确定先检查悬挂防喷管的钢丝绳是否受损，避免悬挂防喷管的钢丝绳断裂而出现电缆被切断、测井仪器掉井和人员伤亡事故的发生。为确保安全，如钢丝绳正常，先把欠平衡公司的防喷器打脱，并起出井口。2:00—6:30 卸防喷器防喷管；7:40 打开球形防喷器；到 10:00 左右取出电缆和测仪器，钻井队关井。

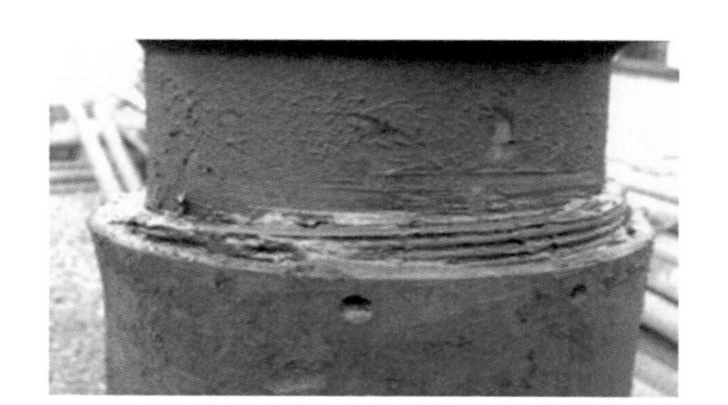

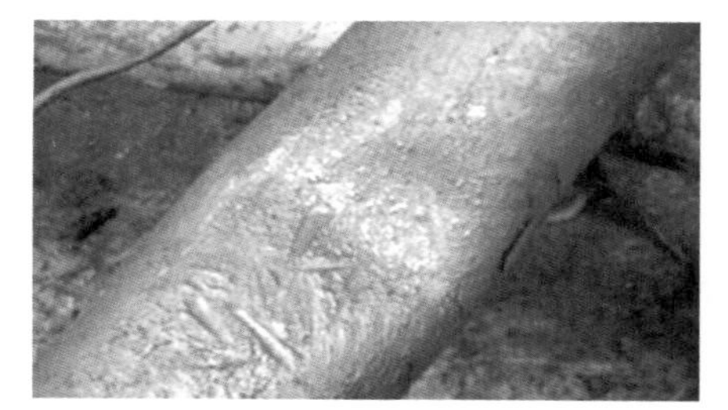

图 6-2-1　现场事故相关相片

思考题：

本次事故存在哪些直接、间接和管理原因？

2 赵48井井喷事故

2.1 基本情况

赵48井是华北油田在冀中坳陷晋县凹陷中部南古庄背斜上钻探的一口预探井，位于河北省赵县各子乡宋城村北700m，钻探目的层是新生界孔店组二段，完钻井深3282.8m，于1994年8月25日完井。该井在钻探中见到了良好的含油显示，经电测资料解释有4个含油层。为了搞清地下情况，决定对该井逐层进行试油。9月28日15:00，某井下作业公司试油三大队作业队在对该井2968.8~2964.0m井段进行射孔作业后，地层中大量含有硫化氢的气体喷出井口，发生井喷并造成6人死亡、24人中等中毒、440余人有轻度中毒反应、附近村庄村民紧急疏散的严重后果。

2.2 事故发生经过

9月28日开始试第一层，该层位于2964~2968.8m，属于沙四段和孔一段，电测资料解释为油水同层。

9月28日15:00，由某井下作业公司物理站射孔队用90型射孔枪对该油层进行射孔。15:10引爆射孔弹，投射子弹77颗，射发成功率为100%。在开始上提电缆时，井口发生外溢，而且外溢量逐渐增大，溢出的水中有气泡。当电缆全部从井中提出后，作业队副队长李某甲立即带领当班的5名作业工人抢装事先备好的总阀门，穿上了总阀门的8条大螺栓并拧紧了对角的4条，关闭了总阀门。在准备关闭套管阀门时，因有硫化氢气体随同压井液、轻质油及天然气一同喷出，站在井口南侧的作业工李某乙中毒昏迷，其他作业人员迅速将其抬离井口至上风口40m左右，随即又返回井口准备继续抢关套管阀门，终因喷出的硫化氢浓度逐渐加大，使人无法接近套管阀门，当班工人不得不从井口撤离。撤出井场后，李某甲立即派工人李某丙和高某出去打电话向上级汇报，同时派班长庞某去附近两个砖窑通知灭火，并到距井场最近的宋城村，广播发生井喷的消息，通知村民转移。

得到赵48井井喷的消息后，中国石油天然气总公司、华北石油管理局、石家庄市公安局、27军、井陉矿务局及赵县县委县政府，都组织了抢险人员赶赴现场。

2.3 事故处理过程

9月29日6:30抢险队伍从赵县公安局出发，7:10赶到宋城村西头；7:10—7:50中国石油天然气总公司孙振纯总工程师带领由解放军防化兵2人、井陉煤矿抢险救护队7人、华北石油管理局钻井处薛宥堂总工程师、井下作业公司5人组成的16人抢险队，绕道3.5km，步行从上风处进入井场。

7:50—9:20抢险队到达井场，观察井口喷口后，根据井口和井喷的情况，抢险组研究，由井下公司5人在井口操作，解放军防化兵和井陉煤矿抢险救护队在井口实施保护，补齐了井口大四通螺栓4条，并对全部24条大螺栓进行了紧固，还抢装了两个套管阀门和一个总阀门，然后对连接所有井口阀门的螺栓进行了紧固，并且装上了压力表。先关右翼套管阀门，于9:20关闭左翼的套管阀门，这时完全控制住了井喷。

9:20—11:20关井观察井口压力，压力由2MPa上升到7MPa。

9:40孙振纯向上级相关领导汇报了制服井喷的全部经过，并用肥皂水对井口各连接部件进行了密封试验，证明井口不渗不漏。这时压井的水泥车和水罐车全部到达井场，井下三大队第二梯队的抢险人员也同时赶到井场，并迅速接好了正压井管线和30m长的套管放喷管线，并用地锚加以固定。

11:20—13:00用清水52m^{3}挤压井，压力从5.5MPa上升到10MPa，排量500L/min，停泵后压力很快降至0。

13:00—18:30等钻井液，并观察进口压力，压力一直为0。

18:30—20:00用50m^{3}密度为1.12g/cm^{3}的氯化钙挤压井，泵压8~10MPa，排量550L/min。

20:00—21:00做下油管准备、卸井口。

9月30日0:30下ϕ63.5mm平式油管4根、ϕ63.5mm加大油管70根，深度2641.06m。

0:30—9:00等钻井液。

至11:40正循环，压力10.5MPa，排量400L/min。

11:40—13:00 备钻井液。

至 13:15 用散装高温水泥 1875kg。HR—B 缓凝剂 2.5kg、清水 800L，配成密度为 1.85g/cm^3 的水泥浆 1500L。

至 13:40 正打清水 800L，密度为 1.85g/cm^3 的水泥浆 1000L、清水 300L 顶替密度为 1.20g/cm^3 钻井液 7.4m^3。

至 14:00 起油管 6 根，深度 2583.41m。

至 14:30 用 14m^3 密度为 1.20g/cm^3 的钻井液反循环洗井，出口返出钻井液 200L。

至 14:40 起油管 10 根，深度 2487.37m。

14:40—15:00 装总阀门，关井候凝。

2.4 事故造成的损失

赵 48 井井喷事故给国家和人民生命财产造成了重大损失，因硫化氢中毒，赵县各子乡宋城村有 6 人死亡，24 人中等中毒，440 余人有轻度中毒反应；死亡 7 匹马、骡、驴等大牲畜，喷出的轻质油污染庄稼近 700 亩。直接经济损失 60 万元左右。另外，因大量群众紧急疏散，也造成了一定的间接经济损失。

2.5 事故发生后所做的工作

第一，全力以赴抢救硫化氢中毒的群众。井喷事故发生后，赵县政府和卫生局及时组织县医院、县中医院和县妇幼保健院积极收住病人。三所医院的领导动员全体医护人员克服病床不足、医护力量不足及治疗硫化氢中毒病人经验不足等困难，全力以赴投入救治工作。华北石油管理局也从油田总医院迅速抽调 20 余名医疗专家和骨干，携带检测治疗仪器和急救药品及时赶到赵县，与县属三所医院的同志共同对住院的 461 名病人进行诊治。经医护人员协力抢救，使其中 4 名危重病人转危为安。同时又组成医疗队，连续三天深入宋城村，为 879 名群众检查了身体，其中为 258 人做了血常规检查，为 198 人做了心电图，发放药品 355 人次。通过检查，属于急性或慢性硫化氢中毒症状(如角膜损伤、呼吸道损伤)的有十余人，都进行了诊治，使其恢复了健康。对发现的一些血压高、冠心病、先天性心脏病和小儿肺炎等原发病患者，医疗队也给予了治疗。

第二，对赵 48 井周围农作物及空气污染情况进行了调查。9 月 29 日封井后2小时，河北省石家庄市环境保护局对井场及井场周围村庄空气中的硫化氢含量进行了测定，检测结果为硫化氢含量为0。封井后10小时和10月2日下午，河北省防疫站、华北石油管理局防疫站和赵县防疫站又分别对赵48井周围东南西北4个方向1000~1500m范围内的空气、农作物和宋城村村民家中的粮食和水进行取样，送省防疫站进行硫化氢检定。封井后10小时的样品检测结果是，下风向30~1000m空气中硫化氢、二氧化硫含量高于居住区大气卫生标准，但低于车间空气标准，加之硫化氢很不稳定，对附近居民不致造成明显危害；下风向100~1000m农作物表面油污明显，叶片严重受损。10月2日取样检验结果表明，下风向1000m处及侧风向（东）300m处农作物污染已不严重；农作物和村民家中的粮食、水中均未检出硫化氢。

第三，安定民心，做好群众思想工作。井喷事故发生后，赵县政府及时召开有关乡领导会议，要求各乡做好群众思想工作，对受灾区特别是重灾区进行了实地勘察，走访群众。县政府办公室连续两次在赵县电视台发布通知，公布赵48井硫化氢已被控制的消息和对空气及农作物的检测结果，要求群众克服恐惧心理，安心生产生活，抓住时节，搞好秋收收种。在事故调查期间，赵县宋城村群众几次到县政府和调查组驻地上访，要求解决生活困难和受灾赔偿问题，赵县政府的主要领导和调查组群众思想工作组的同志都耐心接待，给予解释和疏导。

专家点评：该井队射孔作业中的井控问题也应认真总结；含有高硫化氢的井井喷失控后会造成更大的灾难，在同构造的邻井含有硫化氢和将要施工的井不能排除含硫化氢的情况下，这口井从设计到施工都应按照含硫化氢对待。

思考题：

1. 本次事故存在哪些直接、间接和管理原因？

2. 本次事故应吸取哪些经验教训？

3 LU8164井井喷事故

3.1 基本情况

LU8164井为陆梁油田的一口开发井，井深1697.75m。由某技术作业公司修井 11 队于 2002 年 5 月 27 日进行新井转抽作业。油井基本情况：人工井底 1697.75m，补心高度 4.70m、套管规格为 ϕ139.7mm×7.72mm×1602.71m，油管 ϕ73mm×1692m，射孔井段 1669.5~1672.0m。

3.2 事故发生经过

2002 年 5 月 27 日 11:00，修井 11 队接到 LU8164 井新井投产转抽的地质措施，由修井 11 队副队长兼技术员制定了 LU8164 井工程设计、井控及预防措施，并报技术作业公司陆梁项目部经理进行了审批，于 13:30 接井并搬家到 LU8164 井进行作业。当日 13:30 进行立架子，于 16:30 完成了抬井口、探井底、洗井试压、打顶替液等工序。16:30—21:00，提出井内油管 133 根。21:00 进行了下一班交接，班长做安全讲话。22:00—23:00 提完井内剩余的油管，共计 176 根，长度为 1686.95m。23:30—24:00 坐 250- Ⅲ型全封防喷器后，用清水 3.5m^3 灌满井筒，因待射孔，组织停工。

5 月 28 日，修井 11 队 8:00 班，修井队副队长带领班长等 4 人于 9:00 至 LU8164 井配合射孔，9:20 左右做好准备工作后，开始下枪身射孔；9:50 左右射孔完毕，随后进行了约 30min 的测质量曲线；10:20 左右开始上提枪身，上提出枪身电缆约 400m 时，发现井口有严重外溢，随后井喷，高度达 2m 左右。修井 11 队现场大班班长向射孔队建议斩断电缆，抢关井口（此时井下约有 1200m 电缆）。但射孔队的现场操作人员不同意，说“可以快速提出枪身”。此时，喷高已达 2m 多，约 7min 后，当枪身完全提出时，井内的油、气、水混合物，喷高已达 15m 左右。修井队人员立即抢关防喷器。防喷器关闭后，仍有油气刺漏，并且喷势更加剧烈，造成 LU8164 井喷。

3.3 事故处理经过

（1）成立了现场指挥领导小组和抢险小组；

（2）在高压阀门上焊接 185 钢圈一个；

（3）在防喷器上抢装了一套高压阀门，5 月 28 日 15:15 左右井喷得到控制，历时 4 小时 45 分。

3.4 事故损失

LU8164 井井喷长达近 5 小时，造成周围三部抽油机停抽、一部钻机停机，严重污染地表面积约 0.16km^2，轻度污染约 0.34km^2，污染面积约达 0.5km^2，邻近 3 台变压器及 4 台抽油机被污染。没有发生任何人员伤亡和设备的损坏。

专家点评：电缆射孔工况下，施工方和相关单位职责、权利不明确，剪、起有争议；快起射孔枪，起到了抽吸作用，加快了井喷；没有执行防喷器现场安装、试压标准，防喷器未试压，这些都是造成本次事故的主要原因。

思考题：

1. 本次事故存在哪些直接、间接和管理原因？

2. 结合经验提出纠正预防措施。

4 呼 2 井井喷事故

4.1 基本情况

呼 2 井是呼图壁气田在准噶尔盆地北天山山前坳陷昌吉凹陷呼图壁背斜上的一口重点探井，位于新疆呼图壁县东南方向 8km，完钻井深 4634.31m，为 ϕ244.5mm 套管 +ϕ139.7mm 套管，ϕ139.7mm 套管下深为 3335.57~4051.77m。该井于 1996 年 6 月 21 日开始试油，某公司 126 试油队承担试油作业。

4.2 事故经过

1996 年 8 月 6 日对该井第二层 3614~3608m、3597~3594m 层段射孔，射孔弹型为 YD—127 型，采用电缆传输射孔。当日 18:21 第一枪射开 3614~3608m 层段，19:02 第二枪射开 3597~3594m 层段。19:30 提出枪身在准备下测试工具时，井口外溢清水，此时井上工作人员根据情况，决定抢下油管。当下入 2 柱油管（38.4m）时，外溢量增大，现场人员立即坐好油管挂，在准备抢装采油树时，开始井喷，将下入的 2 柱油管连同油管挂一起喷出，施工人员已无法靠近井口。19:50 呼 2 井井喷失控。

4.3 事故处理方案及处理过程

呼 2 井井喷发生后，现场人员一方面立即将井喷情况向呼图壁县政府报告，另一方面将呼 2 井井喷失控情况报告试油处相关领导。呼图壁县政府接到报告后，立即组织交警、公安、民兵、预备役人员和消防车前往事发地进行警戒。试油处领导接到报告后，立即将情况汇报至新疆石油管理局和勘探公司，并立即组织相关抢险人员赶往事发现场。至8月7日凌晨2:00，试油处、新疆石油管理局、勘探公司的相关领导陆续到达，对现场进行勘察后返回呼图壁县同当地政府一起讨论抢险方案。

4.3.1 抢险准备

（1）立即通知呼2井周边5km范围内的居民停炊、停电，并对危险地域人员实行撤离。停炊撤离后群众的生活实行统一供应。

（2）立即调集克拉玛依消防大队7辆消防车和一辆消防指挥车，要求配备具有丰富油田灭火经验的消防队员，同时调集10辆20m^{3}水罐车备消防用水及2台30t吊车、3台推土机牵引车。

（3）从呼2井附近征集一口水井，采用发电机发电抽水，保证消防用水。

（4）分别成立井喷前线抢险小组和后勤抢险小组。前线抢险小组负责制定抢险方案和组织实施；后勤抢险小组负责抢险物资的组织供应，并无条件服从现场对抢险物资的需求。

（5）立即调集抢险物资和抢险人员防护用品。

（6）立即从相关单位调集具有丰富经验的抢险人员。

4.3.2 抢险方案

（1）清理井场，为抢装井口清除障碍。①人工将井场内的4700m油管搬离井场。②由于井喷时井架游动滑车处于吊起状态，井内喷出的强大气流冲击游动滑车来回摆动，为防止抢险安装井口时吊车与游动滑车碰撞产生危险，需将油动滑车吊离井口。因此，方案决定先在试油井架内侧全部绑上木板，再在游动滑车上拴上2条棕绳，采用30t吊车吊住游动滑车后，通过人工拉拽棕绳使游动滑车紧靠井架内侧木板。另一组抢险队员将通井机滚筒上钢丝绳全部拉出，然后吊车慢慢下放，游动滑车紧靠木板滑下后将游动滑车和钢丝绳一起吊离井口。③将采油树、液压钳等吊离井口。④将井口圆井上盖的环形钢板撤离，铺上木板后，再在木板上铺上毛毡。

（2）为防止装好防喷器后井口关井压力过高，套管两侧分别用ϕ73mm油管接出一条放喷管线，并用水泥墩固定。

（3）抢装井口防喷器方案。经过现场抢险领导小组讨论，决定采用井口抢装防喷器控制井喷。由于还不知道地层的真实压力，钻井液密度偏高，当时试油处只有35MPa双闸板试油防喷器，决定在套管四通上安装钻井用70MPa远程液控双闸板防喷器，35MPa双闸板试油防喷器作为后备方案。

①将采油树钢圈用强力胶粘接在防喷器底法兰钢圈槽内。

②在防喷器上拴4条棕绳，每条绳由10名抢险队员分4个方向在防喷器吊起后紧紧拉住，减小因气流冲击而使防喷器产生的摆动。

③在防喷器上用钢丝绳打上绳套，将2只吊环固定在防喷器上，用于吊车起吊防喷器。

④在防喷器上拴上4条钢丝绳，分别从防喷器底法兰螺孔内穿过，再穿过套管四通上法兰对应螺孔，前面2条钢丝绳从套管闸阀下绕过，固定在停放在后井场的牵引车上，后面2条钢丝绳从套管闸阀下绕过，固定在停放在前井场的牵引车上。

⑤在防喷器底法兰对角螺孔内穿上2只螺杆，并将螺帽和其余螺杆准备好。

⑥在一切准备工作就绪后，打开套管放喷闸阀，吊车从气柱侧面起吊防喷器，同时地面人员通过棕绳紧紧拉住防喷器，待防喷器吊至3~4m高时，停止起吊，缓慢将防喷器平移至使防喷器通孔对准气柱的位置，再缓慢下放，同时启动两台牵引车，通过钢丝绳强行下拉防喷器，使防喷器慢慢下移至井口，待气柱全部通过防喷器喷出后，井口人员缓慢转动防喷器，使防喷器上粘结钢圈就位及2只螺杆穿过套管四通螺孔后，立即在其余空螺孔内穿上螺杆并将螺帽上紧，然后牵引车慢慢松开钢丝绳，抢险队员立即将钢丝绳解除并从螺孔抽掉，穿上所有螺杆上紧所有螺帽，确保防喷器和套管四通连接紧密无泄漏，最后关闭防喷器全封闸板。

⑦防喷器关闭后，在吊车的配合下，立即在防喷器上安装采油树观察井口压力。

（4）抢险过程中消防用水是以10辆水罐车同时供应7台消防车，因此施工中以20min为一个抢险周期。当罐车水即将用完时，现场指挥人员立即发出指令，通知井口人员撤离，待消防用水全部到位后，再下令继续抢险。

（5）在井口及井场有人进行抢险施工时，消防车立即向要害部位喷水。

（6）井喷喷势巨大，井口处于相对负压状态，并且气流声巨大，因此抢险人员必须佩戴好防护用品，现场抢险指令由总指挥以书面形式发出。

（7）现场所有抢险工作必须统一指挥，没有总指挥的指令，任何人不能擅自行动。

（8）抢险施工避免在夜间进行。

（9）派专人观察风向，确定关闭防喷器和放喷点火时机。

4.3.3 抢险施工

至8月7日早上，经现场抢险小组讨论，初步制定出抢险方案，并立即通知钻井处准备70MPa远程液控双闸板防喷器，同时消防车、消防水罐车、吊车等设备陆续到位。至8月7日晚，在消防车、吊车等的配合下将游动滑车、采油树等妨碍抢险的设备吊离井口，抢险物资及抢险人员也相继就位，并对抢险方案进行进一步论证细化。

8月9日，在消防车的配合下，人工将井场内的4700m油管搬离井场。在准备投入抢装防喷器时，发现钻井用70MPa远程液控双闸板防喷器螺孔距和套管四通螺孔距不一致，抢装钻井用防喷器方案暂停。经现场抢险小组讨论研究，决定采用抢装35MPa双闸板试油防喷器控制井喷，并立即协调试油处准备防喷器。

8月10日，35MPa双闸板试油防喷器运送到现场后，至14:30一切准备工作就绪，现场抢险总指挥发出指令，抢装井口防喷器工作开始。7台消防车立即向井口和各危险部位喷水，30t吊车缓慢起吊防喷器，从防喷器上拉出的4根棕绳由每组10人紧紧拉住，待防喷器起吊至距井口3~4m时，吊车起吊臂缓慢移动，将防喷器平移至气柱正上方，按照既定方案，牵引车启动，配合吊车下拉防喷器。至19:10，经过现场抢险人员集体奋战，顺利制服了呼2井井喷，安装好了防喷器和采油树，并放喷点火成功。

专家点评：该井是一口评价井，钻井过程中无油气显示，在进行井下射孔作业中未安装防喷器。发生井喷的主要原因是未重视区域评价井的井控工作，无事故防范意识。因而在新区探井试油前，要进行钻井资料交底，要安装好防喷器，在思想意识、工艺技术、施工措施等方面重视井喷事故的防范工作。

思考题：

1. 本次事故存在哪些直接、间接和管理原因？

2. 存在哪些值得吸取的经验教训？

附录1　案例思考题参考答案

1　窿5井井喷事故

1.1　事故原因分析

（1）设备有缺陷。

井控装置二开前只进行过一次试压，此后再未进行过试压，对井控装置及配件存在的隐患未能及时发现，导致长时间在高压作用及高速携砂气流的冲刷下，平板阀内侧细脖子处本体刺穿，大量油气喷出，井场处于山凹，且井口距山很近，当日无风，油气聚集较快，油气不能及时扩散，井内喷出的砂石撞击机泵房柴油机金属底座产生火花，爆燃，是事故发生的直接原因。

（2）测井时间长、仪器被卡是造成这次事故的直接原因。

从井深3551m到油层底部4229m井段一直没有建立过循环，加之在处理测井仪器事故过程中，穿心打捞失误，导致1160m电缆落井；在后面的打捞中捞矛下得过深，导致后两次打捞中井内产生抽吸，从而使下部井段钻井液严重油气侵，使得钻井液柱压力最终低于地层压力，这是本次事故发生的最直接原因。

（3）思想麻痹。

①从12月8日8:00取完心循环到10:50起钻，12月9日开始测井，12月11日测井仪器遇卡，12月13日采取下打捞矛打捞，12月16日钻具被卡，井底已停止循环近8天时间。在此期间，未采取措施循环钻井液，致使地层流体更多的流入井内，造成严重气侵。

②重钻井液储备不足，认为井已顺利钻完，加之对该井的复杂性认识不充分，思想麻痹，只是按常规情况准备了重浆。

（4）现场人员井控技术素质低，压井程序不熟练。

①该井在12月16日准备爆炸松扣卸开方钻杆时，发现钻杆内钻井液

倒返，已是井涌的信号，但未引起足够的重视。分析认为是钻具内外钻井液不均，环空倒返钻井液所致，只是在钻杆内打入了密度为 1.40g/cm³ 的钻井液 15m³。在未确认井筒下部钻井液是否被气侵的情况下，12 月 17 日继续进行爆炸松扣，处理被卡钻具。在此过程中井下出现明显溢流，由于坐岗不落实，并未及时发现，延误了压井的最好时机。

②钻井工程设计中明确要求溢流 2m³ 时必须报警，但该井在施工中并没有按照设计要求执行。12 月 17 日 14:00 该井井口出现气泡，16:00 当溢流量超过 2m³/h 时才被发现，既未发出报警信号，也未及时关井，直至 19:30 才关井，关井前溢流总量已达 24m³。

③处理紧急情况的经验不足，未及时组织人员撤离，造成多人伤亡。

（5）井控装备及其安装方面存在问题。

该井的防喷装置满足不了要求。由于受表层套管的限制，现场安装好防喷装置后井口试验压力低，导致使用中的 ϕ127mm 闸板刺漏，因质量问题使平板阀本体刺穿。关井过程中因受套管抗内压强度和表层套管下入深度的限制，不得不节流放喷，在长时间高压作用及高速携砂气流的冲刷下平板阀产生刺漏；现场只有一条放喷管线，不能有效地降低井口压力；机泵房通风不畅，造成天然气大量聚集，也是造成爆炸起火的一个原因。

（6）生产组织存在问题。

溢流发生后，指挥不到位、组织不严密、处理问题不果断。等待加重时间过长。从 12 月 17 日 19:30 关井到 12 月 19 日 10:55，长达 39 小时 25 分的时间内没能把握住压井时机，失控爆炸着火后没有及时撤离人员。

1.2 经验教训

（1）井控工作的现场管理不仅仅是查出问题和找出存在的漏洞，更为关键的是对查出的问题、存在的漏洞和隐患要做到落实到位、整改彻底、不留隐患。问题未整改彻底、隐患继续存在，必须停钻整顿，否则不得进行下一步施工。

（2）严格执行打开油气层验收和开钻验收制度，设备的配套、安装、试压必须满足井控要求。防喷装置的配套、安装、试压有一项达不到标准必须进行整改或重新试压。

（3）从一次井控做起，是实现井控安全的前提，严格落实坐岗制度，发现溢流必须及时报警，立即启动关井程序，果断关井，以避免油气继续侵入井眼。

（4）必须做到全井井控工作的善始善终，不能因安全钻完井设计井深就产生麻痹大意思想。完井期间的测井、通井、下套管及固井都要把井控工作始终如一地做细、做扎实。

（5）探井工程设计，首先要考虑满足井控及油气层保护的要求，套管层次要留有余地。就玉门探区来讲，探井的套管层次一般不少于3层，保证憋压不致憋漏地层。

（6）认真推行ISO 9002质量管理体系和HSE体系，严格按标准、按程序组织管理生产。在油层段测井和长时间静止的情况下，应充分循环处理钻井液，恢复各项性能，防止井喷、憋泵等意外事故和复杂情况的发生。

1.3 事故结束后采取的措施

自2000年12月19日窿5井发生井控失控着火事故后，玉门油田分公司认真分析事故发生的原因，吸取事故教训，在钻井施工中坚持安全第一的原则，为坚决杜绝不再发生井控失控着火事故，采取了以下措施：

（1）立即对正在施工的井及后续井的井身结构进行调整，将2层套管改为3层套管。

（2）2001年对所有施工井井控装置进行重新配套，对使用的钻井防喷装置，由原35MPa的压力级别提高到70MPa。

（3）所有施工井除配全除气器、气液分离器外，各钻井队还配备了液面报警装置和可燃气体报警装置。

（4）按井控管理规定对打开油气层的验收进行了标准化，重新修订了打开油气层的验收标准和井控实施细则，并在实施细则中明确规定，对井口装置、压井管汇、节流管汇、防喷管线等井控设施在现场使用3个月后必须重新试压。

（5）重点加强了一次井控工作管理。一是严格、及时地进行打开油气层验收；二是井控装置配套及安装严格按高标准进行；三是进入油气层后定期或不定期地对钻井队的井控工作进行检查。

（6）进一步加大了安全监督管理力度，狠抓各项管理制度和技术措施的落实，加强现场检查，对检查中发现的问题，督促施工单位立即整改，对重大问题停钻整顿，并及时组织复查，严格按合同和规章制度办事。

（7）加强和完善基础管理工作，针对玉门地区实际情况，重新修订和完善了各项管理制度，强化全员、全方位、全过程的安全管理，强化井控管理，使井控工作走向制度化、规范化，同时在工作中狠抓落实，杜绝违章行为发生。

（8）认真贯彻落实《石油与天然气钻井井控技术规定》和井控管理的九项制度规定，坚决执行打开油气层前井控申报检查制度。

（9）针对具体存在的问题和薄弱环节，对石油物探、钻井、录井、测井、试油及井下作业，从业主与承包商安全生产责任权利、违约责任及处理等方面详细制订了条款，并和承包商协商一致，明确了双方安全生产责任。

2 涩3-9井井喷失控事故

2.1 事故原因分析

2.1.1 井喷原因分析

（1）由于涩北气田储层成岩性差，浅、中层存在两套压力系统，浅层地层破裂压力低，中层地层破裂压力相对较高，下钻速度过快时会引起井下压力激动，易造成浅层井漏，从而形成“浅漏中出”的井下复杂情况，关井后会导致地下井喷。在该井的施工过程中，钻井队所采取的技术措施缺乏针对性，是造成这次井喷事故的主要原因。

（2）通井下钻过程中下放速度过快，压力激动造成井漏，坐岗观察制度不落实，未及时发现井漏，是造成此次井喷事故的直接原因。

2.1.2 井喷失控原因分析

（1）二开前井口装置未试压，给井控工作埋下了严重的安全隐患，是造成此次井喷失控的主要原因。

（2）发生井喷时，关井不及时（关井操作时间长达10min），造成钻头以下液柱被喷空或被置换；二次井控技术不熟练，压井不及时，压井方法不当（放喷压井），一次性压井的钻井液量不足，而且反循环压井管线也不通，造成多次压井失败，是造成二次井控失败的直接原因。

（3）井喷发生后，处理措施不当，长时间打开放喷管线放喷，导致井口装置多处刺漏，是造成此次井喷失控的直接原因。

2.2 存在的管理问题

（1）施工队伍井控意识差、工作标准低，未严格执行《石油与天然气钻井井控技术规定》和井控管理的九项制度。主要表现为不按设计要求施工，井口未试压、坐岗观察制度不落实、干部值班制度不落实、“四七”动作不熟练、未经二开检查验收就擅自开钻等，对此次井喷失控事故负主要责任。

（2）相关单位现场办公人员对井控工作重视不够，要求不高，督促检查力度不够，二开检查验收不彻底，对此次井喷失控事故负领导责任。

（3）现场钻井监督人员工作责任心差，对井口安装和试压等关键工序把关不严，监督不到位，没有做到实时现场监督，在未对试压过程进行监督检查的情况下就在验收书上签字，对此次井喷失控事故负一定责任。

（4）某天然气开发公司管理不到位，未及时组织二开检查，且对未经检查批准就擅自二开的现象没有制止，对造成此次事故负一定责任。

（5）工程监督监理中心对监督检查、管理力度不够，对此次事故负一定责任。

（6）地质测井公司和化工公司现场工作人员在工作期间脱岗，对造成此次事故负一定责任。

（7）某油田公司涩北气田会战领导小组的工作不够落实，现场组织、协调力度不够，对造成此次事故负一定责任。

2.3 整改措施

（1）各建设单位要进一步提高对井控工作重要性的认识，加强对井控工作的管理、检查和各项制度的落实，增强井控安全意识，无论是探井、开发井都要把井控工作放在首位。

（2）认真贯彻执行《石油与天然气钻井井控技术规定》和井控管理的九项制度，把井控工作作为一项长期的、需要不断完善和不断提高的工作来抓，做到警钟长鸣、常抓不懈。对重点区块的钻井施工，要制定重点防范措施，并认真落实。

（3）有关部门及各建设单位必须加强对施工队伍的资质审查和现场

检查，对未达到要求的施工队伍，要限期整改，仍达不到要求的，要勒令停工。在钻气井时，施工队伍打气井的实际经验是必须重视的因素。

（4）必须明确建设单位管理人员和现场监督人员责任、权利和工作范围。在目前监督人员数量较少的情况下，建设单位对监督人员必须提供有力的后勤支持，保障监督人员能在关键工序监督把关。

（5）针对东部气田的地质特点和钻井设计，钻井及有关施工单位应制定相应的井控应急预案或技术措施，储备必要的物资器材，以使井喷和井喷失控造成的损失最小化。

（6）各建设单位在与承包商签订施工作业合同的同时，必须签订安全生产合同。

3 YH23-2-14 井井喷事故

3.1 事故原因分析

（1）为解卡，多次在封固油层段的套管内壁长时间采用套铣、磨铣等打捞方法，致使封固油层段的套管磨穿，高压地层流体（油、气、水）穿过套管流入井筒，引起井口溢流，加之未坐岗而未及时发现，致使溢流不断发展，在地面无法实施关井的情况下，最后必然导致井喷。这是造成这次井喷及失控事故最直接的客观原因。

（2）不严格执行完井设计要求，现场又擅自将低于完井液设计密度（1.27g/cm^3）的清水套管保护液（密度为 1.0g/cm^3）替入井内进行电测完井施工作业，使井内液柱压力比设计完井液压力降低了 13.7MPa。这是造成井喷失控最根本的原因。

（3）未及时剪断电缆，无法实施关井作业，是发生井喷的直接原因。

（4）完井作业重装井口时，该井又没有按规定用 16 只螺栓对套管头与变压法兰进行连接与固定，而只使用了 4 只螺栓，使其承压能力大为降低，无法有效、安全地实施井喷后的关井作业。这又是造成这次井喷失控事故的主要原因之一。

（5）该井在完井作业尚未完全结束的情况下，却将所有井控放喷管线、防喷器液控管线全部拆除，井口连接法兰螺栓大部分卸松，只对称地留了少许螺栓。这又是造成井喷后无法进行有效控制的重要原因。

（6）在完井作业过程中不按完井作业的实际需要及时更换防喷器的胶芯。该井在下 ϕ177.8mm 套管前将全封单闸板胶芯换成 ϕ177.8mm 半封胶芯，固完井后又不将全封胶芯再换回去，就侥幸地进行完井作业；固井后仍不将双闸板防喷器的两副 ϕ127mm 半封胶芯更换为 ϕ88.9mm 半封胶芯。这是造成井喷后无法实施井口控制的主要原因。

（7）钻井队井控安全意识不强，完井作业时为赶时间、图省事更是造成井喷后无法实施及时有效控制的原因。

3.2 经验教训

（1）井控技术是钻井工程关键技术的重要组成部分，井喷和井喷失控又是钻井工程中性质最严重、损失巨大的灾难性事故。进一步增强井控意识，认真贯彻落实各项井控技术和管理制度显得更为迫切和重要。

（2）需强调的是，今后凡是完井阶段，只要完井施工作业尚未完全结束，井上所有井控装置均不得拆除，所有法兰连接螺栓均不能卸松。

（3）无论在各种钻井阶段与工况下，井控装置的法兰螺栓必须按标准尺寸和数量装齐全，并认真对称紧固到位。

（4）井口防喷器的胶芯必须适时与钻具尺寸相符，绝对不允许因赶时间，抢进度而忽视这一工作。

（5）一定要严格执行钻井设计，特别是钻井液密度、完井液密度不能随意更改。

（6）进一步加强总包井的技术监督管理是十分必要的。

（7）要对测井队进行井控知识培训，增强测井队的井控安全意识。

（8）测井前，要制定好相应的井控措施，并充分做好所需工具的准备工作（包括剪断电缆工具）。

4 BQ203井带压施工井喷事故

（1）该事故的直接原因是欠平衡公司在安装旋转防喷器锁紧卡箍时，未将卡箍的锁紧螺栓用扳手拧紧，仅用手将螺栓拧紧，在测井过程中，导致球形防喷器卡箍被冲落的事故，操作人员责任心不强。

（2）测井期间井口控压 6~7MPa，控制压力偏高，欠妥。

（3）测井前的多方联席会议上，提出的井口控压 6~7MPa 的技术措施，是否切实可行，值得研究。在欠平衡测井过程中，井口压力保持在6~7MPa之间，其测井过程中的控压较高，相关单位人员和甲方监督等都没有向各自方的上级主管部门请示汇报。

5 赵48井井喷事故

5.1 事故原因分析

（1）过去从区域地质构造上分析该地区不含硫化氢。赵48井位于晋县凹陷南古庄背斜赵37井东断块上，从1976年华北石油管理局在晋县凹陷赵兰庄构造上钻探的赵1井发现硫化氢后，这一地区勘探工作中断了10年之久，但对这一地区的地质研究分析从未间断。经过地质工作者多年的研究分析，认为晋县凹陷有很好的生油条件，勘探潜力比较大，因此进行了物探作业。根据对物探资料的进一步解释，将晋县凹陷细分为三洼，即北洼、中洼和南洼。结合打少量探井，在认识上基本统一为北洼是含硫化氢区，中洼和南洼不含硫化氢，油气资源量比较丰富，而中洼的南古庄背斜和赵县断鼻这两个同生构造是寻找不含硫化氢原油的有利地区。据此，从1989年开始，对上述两个地区重新进行勘探，至事故发生时已完成钻探12口井，没有发现硫化氢。在赵48井之前已试油10口井，即赵县断鼻的赵39井、赵40井、赵41井、赵41-1井、赵20井、赵22井、赵28井、赵42井，南古庄背斜的赵26井、赵37井，其中有5口井获工业油流，进一步证实了地质研究的结论。

（2）经过南古庄背斜的赵26井和赵37井试油，证实南古庄背斜不含硫化氢。在赵26井试油中，经过对相当于此次赵48井喷出硫化氢的沙四段和孔一段进行测试，开井474min，折算日产水120m^3，属于氯化镁型构造封闭水，不含硫化氢。该层测试结论为水层。赵37井钻井时没有钻到该层，但经过对沙二段和沙三段进行试油，获得了不含硫化氢的工业油流，折算日产油16.9t，原油黏度比较大，在50℃时，达到13640mPa·s。赵37井的试油结果，证实了南古庄背斜是一个较富集的复式油藏，它所钻遇的沙二段和沙三段油层是晋县凹陷南迄今为止所发现的最厚的油层。

（3）赵48井在钻井过程中没有见到天然气和硫化氢显示，主要反映在：

①华北石油管理局对晋县凹陷的硫化氢问题有所警惕，在赵48井的

钻井设计中，专门提出了要加强硫化氢检测的问题。在实际钻井过程中，负责地质录井的钻井四公司139地质小队按照要求，从2480m开始，每钻10m取样一次，进行硫化氢检测，在3000m以浅地层中没有发现硫化氢异常。

②查气测资料数据，从2961~2971m的10m中，气测全烃含量在0.02%~0.22%，全脱气分析：甲烷25.46%，乙烷0.67%，丙烷0.889%，异丁烷0.072%，正丁烷0.26%，二氧化碳7267%，钻井液气含量0.208%，属油水层特征，没有异常反应。

③查钻井液录井资料，在这一层段钻井液性能相对稳定，密度为1.42g/cm^3，黏度为33~36s，钻井液槽面没有发现气泡，没有钻井液面降低和气侵现象。

④查测井资料，根据录井显示和岩性、含油性和电性特征，2963~2969.5m井段，电阻率为38.3Ω·m，总孔隙度12.4%，含油饱和度41.9%，密度2.45g/cm^3，补偿中子孔隙度12%，声波时差255μs/m，解释为油水同层。

⑤查井壁取心资料，钻井过程中在这一层段井壁取心4颗，其中1颗为油迹细砂岩、1颗为浅灰色细砂岩、2颗为泥岩，与当班岩屑描述基本相符，岩屑中均未嗅到硫化氢气味。

⑥查热解色谱分析资料，该层没有作为目的层，因此没有进行岩心取心和岩屑选样，没有做热解色谱进行储层统计。统计表中只统计了2272~2480m井段的7个储层，由此可确认，赵48井的2966~2969m这一储层确系新层、新段。在拟定试油方案时，华北油田地质勘探公司和井下作业公司一致认为，应该把这一层作为第一试油层，渴望通过试油有新的突破。

综上所述，由于赵48井的试油设计是根据钻井、录井和测井资料，把这一层作为新层和油水同层进行常规试油的，而且国内的测井技术能力和水平还不能完全准确地判断地层中是否含有硫化氢；其他相关的录井资料和邻井资料又都没有发现硫化氢的显示，造成了对该层的地下情况缺乏全面、准确、详尽的认识，对该层中实际含有硫化氢没有思想准备，因此，此次事故属于不可预见的性质，也是在探索未知过程中的一次深刻教训。

5.2　经验教训

第一，对晋县凹陷的硫化氢要重新认识，认真研究。要从硫化氢的生成机理开始，通过深入研究这一地区的沉积史、构造发展史和热演化史，进一步搞清硫化氢在这一地区的生成、运移和富集规律，寻找和探索石油勘探过程中的硫化氢早期预测技术，在石油地质理论方面为今后勘探提供可靠的科学依据。

第二，要提高对硫化氢的警惕性。今后在晋县凹陷上的各类钻井、试油和各种油井作业，都必须按照防硫化氢的要求进行设计和施工。在钻井过程中，要严格搞好对硫化氢的有效检测，对可能高含硫化氢的地区，定井位时要尽量选在远离村庄的地区；对尚没有搞清硫化氢分布和储集情况的地区要暂缓布井。配备必要的化验检测仪器、防毒面具和防喷装置，确保安全生产。

第三，要切实加强生产管理和技术管理。各项施工都要严格执行设计，严格执行操作规程，杜绝违章作业。要层层落实安全生产责任制，加强安全检查，消除事故隐患。要认真把好各种原始资料的录取质量关和综合研究解释质量关，加强现场技术监督。

6　LU8164 井井喷事故

6.1　事故原因分析

（1）在发现井喷预兆时没有及时砸断电缆，抢坐井口，延误了井控的最佳时机，导致井喷。因各施工单位之间职责和权限不明确，没有人有权力决定在发生井喷预兆时砸断电缆，进行抢关井口作业。

（2）修井 11 队职工井喷防范意识不强，对井控防喷认识不到位，在坐防喷器时只装 4 颗螺栓，没有按公司“两书一表”的要求和防喷器的操作规程执行，对井控后续工作埋下了重大隐患，并延长了井控抢险的时间。

（3）在高压水气流的作用下，防喷器中心管及连接法兰低盘严重损坏，使防喷装置失灵，坐封不严，造成井喷。

（4）在提枪身时，随着 ϕ89mm 枪身的加速上提，造成井筒抽吸的作用力加大，致使井筒内液柱压力进一步减小，助长了井喷的发生。

（5）技术作业公司管理不到位，监督检查不到位，虽然制定了严格的井控措施，但措施落实不到位，对射孔等井下作业的重点工作、关键工序，专职监管员没有检查到位，没有认真履行职责。

6.2 纠正预防措施

（1）在公司范围内，认真传达事故现场会的会议精神，加强公司安全管理工作，并开展对井控的专项检查工作。

（2）组织学习公司的“两书一表”，加强管理，完善制度，认真按“两书一表”的要求，开展好安全工作，加强安全防范措施。

（3）加强安全监督工作，完善监督管理员的工作程序和监督日志，并对井下作业重点工作、关键工序进行现场监督，执行开工前验收制度。

（4）公司加强对应急人员能力知识培训，提高员工的应变能力，认真执行公司的应急演习制度，提高职工对井控的思想认识。

（5）增加陆梁项目部管理人员，明确分工，完善管理制度，落实岗位职责，从源头上杜绝事故发生。

（6）认真组织学习《新疆油田井下作业井控实施细则》，明确了相关的规定和要求，落实了职责，并实行了井控操作证制度。

7 呼2井井喷事故

7.1 事故原因分析

（1）在勘探方面，该地区在呼2井以前尚未取得重大突破，加上在钻井过程中该井段使用的钻井液密度达1.27~1.31g/cm^3，而该井地层压力系数在0.97左右，造成钻井、录井过程中地层无任何油气显示，没有引起重视。

（2）射孔方式存在问题。对于气井应采用油管传输或过油管射孔工艺进行射孔，而该井因在钻井过程中无任何显示，只是发生过井漏，给选择射孔方式带来一定误导。

（3）现场施工人员经验不足，未能做好预先的防喷准备，未能意识到气井井喷的突发性，特别是该层在后来试油过程中获日产788162m^{3}气量的情况下，其思路还是先抢下油管，再装采油树，在一定程度上延误了控制井喷的最佳时机。

（4）对井控工作认识不足，观念上还是以发现为主，对地层和井控准备工作的认识依据还是以钻井显示为主，特别是对新区试油井控工作还缺乏足够重视。

7.2 经验教训

（1）呼 2 井井喷失控事件启示我们，在今后的试油工作中，无论从设计到施工，都要做到精心设计，严密施工。

（2）在探井，特别是新探区试油过程中一定要做好井控工作，不能因为钻井过程中无良好油气显示而忽视井控工作。对一些油气无显示、但发生井漏的地层试油时，施工前要对地层充分分析，射孔方式尽量采用油管传输或过油管射孔工艺。

（3）提高对井喷的认识，一旦发生溢流，立即抢装井口，关井观察，改变发生溢流时先抢下油管的观念，以免延误控制井喷的最佳时间。

（4）完善相关管理制度，加强防喷装置的配置。

（5）井喷失控事故在抢险中，一定要集思广益，听取各方意见，制定出最优的抢险方案。

附录 2　测井相关井控标准和规范目录

1　中国石油天然气集团有限公司测井井控相关标准清单

序号	标准名称	标准编号	备注
1. 通用基础标准			
1	石油测井专业词汇	SY/T 6139—2005	
2	陆上石油工业安全词汇	SY/T 6455—2010	
3	石油天然气勘探开发常用量和单位	SY/T 6580—2004	
2. 测井作业标准			
1	放射性核素载体法示踪测井技术规范	SY/T 5327—2008	
2	电缆测井仪器打捞技术规范	SY/T 5361—2014	中英双语版
3	石油电缆测井作业技术规范	SY/T 5600—2016	
4	石油测井电缆和连接器使用技术规范	SY/T 6548—2018	
5	电缆式地层测试器测试作业技术规范	SY/T 5692—2016	
6	常规修井作业规程　第 12 部分：解卡打捞	SY/T 5587.12—2018	
7	钻杆输送及油管输送电缆测井作业技术规范	SY/T 6030—2018	
8	石油测井图件格式	SY/T 5633—2018	
9	裸眼井测井设计规范	SY/T 6691—2014	
10	随钻测井作业技术规范	SY/T 6692—2019	
11	电缆测井与射孔带压作业技术规范	SY/T 6751—2016	
12	井壁取心技术规范　第 2 部分：钻进式	SY/T 5326.2—2017	
13	裸眼井单井测井系列优化选择	SY/T 6822—2011	
14	电缆测井防喷装置施工技术规范	Q/SY 1767—2014	
15	测井绞车使用和维护规范	Q/SY 1768—2014	
3. 射孔作业标准			
1	电缆输送特殊射孔作业技术规范	SY/T 5299—2016	

续表

序号	标准名称	标准编号	备注
2	射孔作业技术规范	SY/T 5325—2013	中英双语版
3	射孔优化设计规范	SY/T 5911—2012	
4	水平井射孔作业技术规范	SY/T 6253—2016	
5	复合射孔施工技术规范	SY/T 6549—2016	
6	电缆测井与射孔带压作业技术规范	SY/T 6571—2016	
7	井壁取心作业技术规范　第 1 部分：撞击式	SY/T 5326.1—2018	
8	井壁取心技术规范　第 2 部分：钻进式	SY/T 5326.2—2017	
9	动态负压射孔作业技术规范	SY/T 6995—2014	
10	定方位射孔作业技术规程	SY/T 7030—2016	
4. 测井与射孔相关安全标准			
1	放射工作人员健康要求及监护规范	GBZ 98—2020	
2	密封放射源及密封 γ 放射源容器的放射卫生防护标准	GBZ 114—2006	
3	油气田测井放射防护要求	GBZ 118—2020	
4	危险货物包装标志	GB 190—2009	
5	安全标志及其使用导则	GB 2894—2008	
6	密封放射源一般要求和分级	GB 4075—2009	
7	放射性物质安全运输规程	GB 11806—2019	
8	操作非密封源的辐射防护规定	GB 11930—2010	
9	危险货物运输包装通用技术条件	GB 12463—2009	
10	放射性废物管理规定	GB 14500—2002	
11	电离辐射防护与辐射源安全基本标准	GB 18871—2002	
12	石油天然气安全规程	AQ 2012—2007	
13	石油行业安全生产标准化 测录井实施规范	AQ 2040—2012	
14	石油与天然气井井控安全技术考核管理规则	SY/T 5742—2019	
15	浅海石油作业井控规范	SY/T 6432—2019	
16	钻井井控装置组合配套、安装调试与使用规范	SY/T 5964—2019	
17	海洋钻井装置井控系统配置及安装要求	SY/T 6962—2018	
18	石油放射性测井辐射防护安全规程	SY 5131—2008	
19	井筒作业用民用爆炸物品安全规范	SY 5436—2016	

续表

序号	标准名称	标准编号	备注
20	石油测井作业安全规范	SY/T 5726—2018	
21	井下作业安全规程	SY/T 5727—2020	
22	钻井井场设备作业安全技术规程	SY/T 5974—2020	
23	石油天然气工业 健康、安全与环境管理体系	SY/T 6276—2014	
24	硫化氢环境天然气采集与处理安全规范	SY/T 6137—2017	
25	硫化氢环境人身防护规范	SY/T 6277—2017	
26	石油企业职业病危害因素监测技术规范	SY/T 6284—2016	
27	防止静电、雷电和杂散电流引燃的措施	SY/T 6319—2016	
28	油（气）田测井用放射源贮存库安全规范	SY 6322—2013	
29	防静电推荐作法	SY/T 6340—2010	
30	海洋石油作业人员安全资格	SY/T 6345—2016	
31	油气井射孔用多级安全自控系统安全技术规程	SY 6350—2008	
32	浅海石油作业放射性及爆炸物品安全规程	SY 6501—2010	
33	海上石油设施逃生和救生安全规范	SY/T 6502—2017	
34	石油天然气作业场所劳动防护用具配备规范	SY/T 6524—2017	
35	煤层气测井安全技术规范	SY/T 6924—2019	
36	石油企业安全检查规范 第6部分：测井作业	Q/SY 1124.6—2013	
37	含硫化氢井测井安全防护规范	Q/SY 1311—2010	
38	油水井带压射孔作业安全技术操作规程	Q/SY 1316—2010	
5.HSE 标准			
1	环境管理体系 要求及使用指南	GB/T 24001—2016	
2	环境管理体系通用实施指南	GB/T 24004—2017	
3	环境管理 现场和组织的环境评价（EASO）	GB/T 24015—2003	
4	环境管理 环境标志和声明 通用原则	GB/T 24020—2000	
5	环境管理 环境标志和声明 自我环境声明（Ⅱ型环境标志）	GB/T 24021—2001	
6	环境管理 环境标志和声明 Ⅰ型环境标志 原则和程序	GB/T 24024—2001	

续表

序号	标准名称	标准编号	备注
7	环境管理 环境表现评价 指南	GB/T 24031—2021	
8	环境管理 生命周期评价 原则与框架	GB/T 24040—2008	
9	环境管理 生命周期评价 要求与指南	GB/T 24044—2008	
10	环境管理 术语	GB/T 24050—2004	
11	环境管理 将环境因素引入产品的设计和开发	GB/T 24062—2009	
12	职业健康安全管理体系　要求及使用指南	GB/T 45001—2020	
13	石油天然气工业 健康、安全与环境管理体系	SY/T 6276—2014	
14	职业健康工作指南	Q/SY 74—2011	
15	安全检查表编制指南	Q/SY 135—2012	
16	生产作业现场应急物品配备规范	Q/SY 136—2007	
17	员工个人劳动防护用品配备规定	Q/SY 178—2009	
18	健康、安全与环境管理体系　第 1 部分：规范	Q/SY 1002.1—2013	
19	健康、安全与环境管理体系　第 2 部分：实施指南	Q/SY 1002.2—2014	
20	健康、安全与环境管理体系　第 3 部分：审核指南	Q/SY 1002.3—2015	
21	石油天然气测井作业健康、安全与环境管理导则	Q/SY 1047—2010	
22	健康、安全与环境初始状态评审指南	Q/SY 1215—2009	
23	HSE 作业指导书编写指南	Q/SY 1217—2009	
24	HSE 培训管理规范	Q/SY 1234—2009	
25	行为安全观察与沟通管理规范	Q/SY 1235—2009	
26	高处作业安全管理规范	Q/SY 1236—2009	
27	工作前安全分析管理规范	Q/SY 1238—2009	
28	工作循环分析管理规范	Q/SY 1239—2009	
29	作业许可管理规范	Q/SY 1240—2009	
30	动火作业安全管理规范	Q/SY 1241—2009	
31	进入受限空间安全管理规范	Q/SY 1242—2009	
32	管线打开安全管理规范	Q/SY 1243—2009	
33	临时用电安全管理规范	Q/SY 1244—2009	
34	启动前安全检查管理规范	Q/SY 1245—2009	
35	脚手架作业安全管理规范	Q/SY 1246—2009	

续表

序号	标准名称	标准编号	备注
36	挖掘作业安全管理规范	Q/SY 08247—2018	
37	移动式起重机吊装作业安全管理规范	Q/SY 1248—2009	
38	野外施工职业健康管理规范	Q/SY 1306—2010	
39	野外施工营地卫生和饮食卫生规范	Q/SY 08307—2020	
40	工艺危害分析管理规范	Q/SY 1362—2011	
41	工艺安全信息管理规范	Q/SY 1363—2011	
42	危险与可操作性分析技术指南	Q/SY 1364—2011	
43	防静电安全技术规范	Q/SY 1431—2011	
44	安全生产应急管理体系审核指南	Q/SY 1425—2011	
45	油气田企业作业场所职业病危害预防控制规范	Q/SY 1426—2011	
46	油气田企业清洁生产审核验收规范	Q/SY 1427—2011	
47	海外营地安全防范工程建设规范	Q/SY 15428—2020	
48	海洋石油作业船舶健康安全环境检查规范	Q/SY 1429—2011	
49	设施完整性管理规范	Q/SY 1516—2012	
50	涉外社会安全突发事件应急预案编制指南	Q/SY 15007—2018	
51	健康、安全与环境管理体系管理手册编写指南	Q/SY 1518—2012	
52	危险源早期辨识技术指南	Q/SY 1523—2012	
53	油气田勘探开发作业职业病危害因素识别及岗位防护规范	Q/SY 08527—2018	
54	石油企业职业健康监护规范	Q/SY 1528—2012	
55	环境因素识别和评价方法	Q/SY 08529—2018	
56	工作场所空气中有害气体（苯、硫化氢）快速检测规程	Q/SY 1531—2012	
57	健康安全环保信息系统术语	Q/SY 10608—2019	
58	承包商健康安全与环境管理规范	Q/SY 1641—2013	
59	定量风险分析导则	Q/SY 1646—2013	
60	石油企业作业场所职业病危害因素检测规范	Q/SY 1647—2013	
61	含硫化氢井测试安全技术规范	Q/SY 08650—2019	
62	防止静电、雷电和杂散电流引燃技术导则	Q/SY 1651—2013	
63	应急演练实施指南	Q/SY 08652—2019	

2 中国石油天然气集团有限公司测井井控相关规章制度清单

序号	规章制度名称	发文字号	备注
1. 工程技术管理			
1	中国石油天然气集团公司井控装备生产企业资质认可实施细则	中油资质委〔2010〕1 号	
2	资质评估机构评价考核管理办法	中油资质委〔2009〕22 号	
3	中国石油天然气集团公司井控车间资质管理实施细则	中油资质委办〔2009〕4 号	
4	中国石油天然气集团公司井控培训资质管理实施细则	中油资质委办〔2009〕5 号	
5	中国石油天然气集团公司井控培训管理办法	中油工程字〔2007〕437 号	
6	中国石油天然气集团公司资质管理办公室工作条例	中油资质委办字〔2007〕2 号	
7	中国石油天然气集团公司测井成套技术装备配置规定(试行)	工程字〔2007〕1 号	
8	中国石油天然气集团公司石油工程技术服务施工作业队伍资质评估管理办法	中油资质委办字〔2006〕2 号	
9	中国石油天然气集团公司井筒工程设计资质管理办法	中油工程字〔2006〕425 号	
10	中国石油天然气集团公司井控装备判废管理规定	中油工程字〔2006〕408 号	
11	中国石油天然气集团公司石油与天然气井下作业井控规定	中油工程字〔2006〕247 号	
12	中国石油天然气集团公司石油工程技术服务企业及施工作业队伍资质管理规定	中油工程字〔2006〕209 号	
13	中国石油天然气集团公司固井质量检测管理规定（试行）	工程字〔2006〕28 号	
14	中国石油天然气集团公司设备管理办法	中油工程字〔2005〕408 号	
2. 安全环保管理			
1	中国石油天然气集团公司放射性污染防治管理规定	中油安〔2012〕54 号	
2	中国石油天然气集团公司安全监督管理办法	中油安〔2010〕287 号	
3	中国石油天然气集团公司危险与可操作性分析工作管理规定	安全〔2010〕765 号	
4	中国石油天然气集团公司突发事件应急物资储备管理办法	安全〔2010〕659 号	
5	中国石油天然气集团公司安全生产应急管理办法	中油质安〔2020〕67 号	
6	中国石油天然气集团公司安全目视化管理规范	安全〔2009〕552 号	
7	中国石油天然气集团 HSE 管理体系审核管理规定	安全〔2017〕309 号	
8	中国石油天然气集团公司环境监测和环境信息管理办法	中油安〔2018〕507 号	
9	中国石油天然气集团公司生产安全事故管理办法	中油安字〔2018〕418 号	

续表

序号	规章制度名称	发文字号	备注
10	中国石油天然气集团公司企业领导人员定点联系关键生产装置和要害部位（单位）管理办法	中油质安字〔2006〕740号	
11	中国石油天然气集团公司重大危险源管理办法	中油质安字〔2006〕740号	
12	中国石油天然气集团公司环境保护管理规定	中油质安字〔2018〕353号	
13	中国石油天然气集团公司安全生产考核评比办法	中油质安字〔2005〕648号	
14	中国石油天然气集团公司安全生产保证基金管理办法	中油质安字〔2005〕617号	
15	中国石油天然气集团公司民用爆炸物品安全管理办法	中油字〔2017〕52号	
16	中国石油天然气集团公司职业健康工作考核细则	质安字〔2005〕81号	
17	中国石油天然气集团公司职业卫生档案管理规范	质安〔2018〕302号	
18	中国石油天然气集团公司交通安全管理办法	中油安〔2015〕367号	
19	中国石油天然气集团公司安全生产管理规定	中油质安字〔2018〕340号	
20	中国石油天然气集团公司作业场所职业病危害因素检测规范	质安〔2017〕68号	
21	中国石油天然气集团公司职业健康监护管理规范	质安〔2017〕68号	
22	中国石油天然气集团公司赴外工程技术服务队伍安全环境健康管理规定	中油质安〔2003〕105号	
23	中国石油天然气集团公司基层班组安全活动管理办法	质安字〔2000〕124号	
24	中国石油天然气集团有限公司安全应急预案管理办法	质安〔2018〕711号	
25	中国石油天然气集团有限公司安全承包点管理办法	中油质安〔2020〕12号	
26	中国石油天然气集团有限公司消防安全管理办法	中油质安〔2020〕115号	
27	中国石油天然气集团有限公司安全生产“四不两直”安全监督检查管理办法	质安〔2020〕12号	
28	中国石油天然气集团有限公司员工健康体检管理办法	中油质安〔2021〕91号	

参考文献

《石油天然气钻井井控》编写组 .2008. 中国石油员工培训系列教材 石油天然气钻井井控 . 北京：石油工业出版社 .

李强，高碧桦，杨开雄，等 .2006. 石油工人技术培训系列丛书 钻井作业硫化氢防护 . 北京：石油工业出版社 .

刘宝和 .2009. 中国石油勘探开发百科全书（工程卷）. 北京：石油工业出版社 .

孙振纯，夏月泉，徐明辉 .1997. 井控技术 . 北京：石油工业出版社 .

张厚福，等 .2007. 石油地质学（高教）. 北京：石油工业出版社 .

中国石油天然气集团公司安全环保与节能部 .2013. 测井操作工安全手册 . 北京：石油工业出版社 .

中国石油天然气集团公司安全环保与节能部 .2013. 射孔操作工安全手册 . 北京：石油工业出版社 .

中国石油天然气集团公司工程技术与市场部 .2006. 中国石油天然气集团公司井喷事故案例汇编 . 北京：石油工业出版社 .